아이스크림 더 실전

차례

왜, 더실전 일까요?

AI 데이터로 구성한 교재입니다.

『더 실전』은 누적 체험자 수 130만 명의 선택을 받은
아이스크림 홈런의 **학습 데이터를 기반**으로 만들었습니다.
AI가 추천한 문제들을 난이도별로 배열한 단원 평가를 총 4회 구성하여
실전 시험에 충분히 대비할 수 있도록 하였습니다.

또한 AI를 활용하여 정답률 낮은 문제를 선별하였으며 **'틀린 유형 다시 보기'**를 통해
정답률 낮은 문제를 이해하는 기초를 제공하고 반복하여 복습할 수 있도록 하여
빈틈없이 **실전을 준비**할 수 있도록 하였습니다.

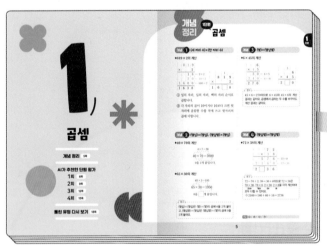

개념을 먼저
정리해요.

단원 평가 1회 ~ 4회로
실전 감각을 길러요.

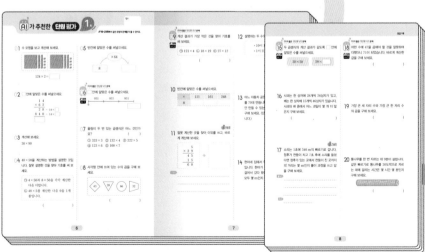

더 실전은 아래와 같은 상황에
더 필요하고 유용한 교재입니다.

☑ 내 실력을 알고 싶을 때
☑ 단원 평가에 대비할 때
☑ 학기를 마무리하는 시험에 대비할 때
☑ 시험에서 자주 틀리는 문제를 대비하고 싶을 때

『더 실전』이 적합합니다.

틀린 유형 다시 보기로
집중 학습을 해요.

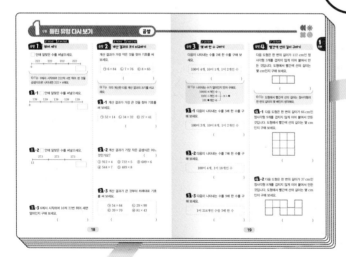

정답 및 풀이로
확인하고 점검해요.

1 곱셈

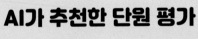

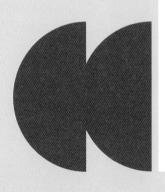

곱셈

개념 1 (세 자리 수)×(한 자리 수)

◆819×2의 계산

$$
\begin{array}{r}
8\ 1\ 9 \\
\times \quad\ 2 \\
\hline
1\ 8 \quad \leftarrow 9 \times 2 \\
2\ 0 \quad \leftarrow 10 \times 2 \\
1\ 6\ 0\ 0 \quad \leftarrow 800 \times 2 \\
\hline
1\ 6\ 3\ 8
\end{array}
$$

$$
\begin{array}{r}
\overset{1}{8}\ 1\ 9 \\
\times \quad\ 2 \\
\hline
1\ 6\ \boxed{}\ 8
\end{array}
$$

① 일의 자리, 십의 자리, 백의 자리 순서로 곱합니다.

② 각 자리의 곱이 10이거나 10보다 크면 윗자리에 올림한 수를 작게 쓰고 윗자리의 곱에 더합니다.

개념 2 (몇십)×(몇십), (몇십몇)×(몇십)

◆40×70의 계산

$$4 \times 7 = 28$$

$$40 \times 70 = 2800$$

0을 2개 붙입니다.

◆65×30의 계산

$$65 \times 3 = 195$$

$$65 \times 30 = 1950$$

0을 $\boxed{}$개 붙입니다.

> **참고**
> (몇십)×(몇십)은 (몇)×(몇)의 곱에 0을 2개 붙이고, (몇십몇)×(몇십)은 (몇십몇)×(몇)의 곱에 0을 1개 붙여요.

개념 3 (몇)×(몇십몇)

◆6×45의 계산

$$
\begin{array}{r}
6 \\
\times\ 4\ 5 \\
\hline
3\ 0 \quad \leftarrow 6 \times 5 \\
2\ 4\ 0 \quad \leftarrow 6 \times 40 \\
\hline
2\ 7\ 0
\end{array}
$$

$$
\begin{array}{r}
\overset{3}{6} \\
\times\ 4\ 5 \\
\hline
2\ \boxed{}\ 0
\end{array}
$$

> **참고**
> $45 \times 6 = 270$이므로 6×45와 45×6의 계산 결과는 같아요. 곱셈에서 곱하는 두 수를 바꾸어도 계산 결과는 같아요.

개념 4 (몇십몇)×(몇십몇)

◆72×38의 계산

$$
\begin{array}{r}
7\ 2 \\
\times\ 3\ 8 \\
\hline
5\ 7\ 6 \quad \leftarrow 72 \times 8 \\
2\ 1\ 6\ 0 \quad \leftarrow 72 \times 30 \\
\hline
2\ \boxed{}\ 3\ 6
\end{array}
$$

> **참고**
> $72 = 70 + 2$, $38 = 30 + 8$이므로 72×38은
> $\underset{2100}{70 \times 30}$, $\underset{560}{70 \times 8}$, $\underset{60}{2 \times 30}$, $\underset{16}{2 \times 8}$을 각각 계산하여 모두 더할 수 있어요.
> ➡ $2100 + 560 + 60 + 16 = 2736$

정답 ❶3 ❷1 ❸7 ❹7

01 수 모형을 보고 계산해 보세요.

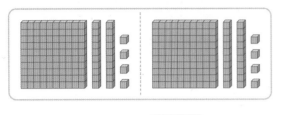

$124 \times 2 = \boxed{}$

02 ☐ 안에 알맞은 수를 써넣으세요.

$$
\begin{array}{r}
1\ 4 \\
\times\ 6\ 2 \\
\hline
2\ 8 \leftarrow 14 \times \boxed{} \\
8\ 4\ 0 \leftarrow 14 \times \boxed{} \\
\hline
\boxed{}
\end{array}
$$

03 계산해 보세요.

20×90

04 48×50을 계산하는 방법을 설명한 것입니다. 잘못 설명한 것을 찾아 기호를 써 보세요.

> ㉠ 4×50과 8×50을 각각 계산한 다음 더합니다.
> ㉡ 48×5를 계산한 다음 0을 1개 붙입니다.

( )

05 빈칸에 알맞은 수를 써넣으세요.

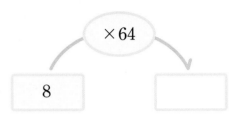

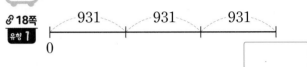
AI가 뽑은 정답률 낮은 문제

06 ☐ 안에 알맞은 수를 써넣으세요.

🔗 18쪽
유형 1

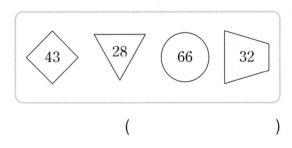

07 올림이 두 번 있는 곱셈식은 어느 것인가요? ( )

① 333×3　② 132×4　③ 222×5
④ 123×6　⑤ 108×7

08 사각형 안에 쓰여 있는 수의 곱을 구해 보세요.

| 43 | 28 | 66 | 32 |

( )

9 계산 결과가 가장 작은 것을 찾아 기호를 써 보세요.

📎**18쪽**
유형 2

> ㉠ 121×4 ㉡ 18×19 ㉢ 27×12

( )

12 설명하는 두 수의 곱을 구해 보세요.

> • 10이 1개, 1이 5개인 수
> • 1이 23개인 수

( )

10 빈칸에 알맞은 수를 써넣으세요.

×	111	161	248
8			

13 어느 자동차 공장에서 한 시간 동안 자동차를 70대 만듭니다. 이 공장에서 30시간 동안 만들 수 있는 자동차는 모두 몇 대인지 구해 보세요. (단, 공장은 쉬는 시간이 없습니다.)

( )

서술형

11 잘못 계산한 곳을 찾아 이유를 쓰고, 바르게 계산해 보세요.

```
    5
×  3 9
─────
    4 5
    1 5
─────
    6 0
```
➡

이유 ▶

_____

_____

14 현아네 집에서 학교까지의 거리는 483 m 입니다. 현아가 집에서 출발하여 학교까지 걸어서 갔다 왔을 때 현아가 걸은 거리는 모두 몇 m인지 구해 보세요.

( )

15 두 곱셈식의 계산 결과가 같도록 ☐ 안에 알맞은 수를 써넣으세요.

📎 21쪽
유형 7

$$38 \times 58 \qquad 29 \times \boxed{}$$

16 사과는 한 상자에 28개씩 26상자가 있고, 배는 한 상자에 15개씩 46상자가 있습니다. 사과와 배 중에서 어느 과일이 몇 개 더 많은지 구해 보세요.

(,   )

📝 서술형

17 소리는 1초에 340 m의 빠르기로 갑니다. 정후가 천둥이 치고 7초 후에 소리를 들었다면 정후가 있는 곳에서 천둥이 친 곳까지의 거리는 몇 m인지 풀이 과정을 쓰고 답을 구해 보세요.

[풀이] ▸

_____

_____

_____

[답] ▸ _____

18 어떤 수에 47을 곱해야 할 것을 잘못하여 더했더니 71이 되었습니다. 바르게 계산한 값을 구해 보세요.

📎 23쪽
유형 11

(   )

19 가장 큰 세 자리 수와 가장 큰 한 자리 수의 곱을 구해 보세요.

(   )

20 통나무를 한 번 자르는 데 9분이 걸립니다. 같은 빠르기로 통나무를 20도막으로 자르는 데에 걸리는 시간은 몇 시간 몇 분인지 구해 보세요.

(   )

점수

📎18~23쪽에서 같은 유형의 문제를 더 풀 수 있어요.

1 단원

01 ☐ 안에 알맞은 수를 써넣으세요.

$$231 \times 3 \begin{cases} 200 \times 3 = \boxed{} \\ 30 \times 3 = \boxed{} \\ 1 \times 3 = \boxed{} \end{cases} + \boxed{}$$

02 색칠한 부분은 실제로 어떤 수끼리 곱하여 만든 곱셈식인지 써 보세요.

```
      3 4
  ×   4 3
  -------
    1 0 2
  1 3 6 0
  -------
  1 4 6 2
```

곱셈식 _____

03 7 × 15의 곱을 모눈종이로 알아보려고 합니다. ☐ 안에 알맞은 수를 써넣으세요.

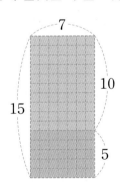

$$7 \times 15 = (7 \times 10) + (7 \times \boxed{})$$
$$= \boxed{} + \boxed{} = \boxed{}$$

04 계산해 보세요.

```
      6 2 5
  ×       7
  ---------
```

05 두 수의 곱을 구해 보세요.

| 82 | 90 |

(   )

06 오른쪽 곱셈식에서 숫자 ③이 실제로 나타내는 값은 얼마인가요?

(   )

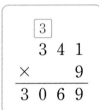

① 0   ② 3   ③ 30
④ 300   ⑤ 3000

07 계산 결과를 비교하여 ◯ 안에 >, =, < 를 알맞게 써넣으세요.

| 37 × 21 | ◯ | 19 × 42 |

08 빈칸에 알맞은 수를 써넣으세요.

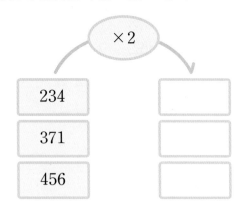

09 수직선에서 화살표(↓)가 가리키는 수와 23의 곱을 구해 보세요.

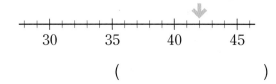

(   )

AI가 뽑은 정답률 낮은 문제

10 다음이 나타내는 수를 4배 한 수를 구해 보세요.

🔗19쪽
유형3

| 100이 2개, 10이 1개, 1이 2개인 수 |

(   )

11 계산 결과가 3000보다 크고 3500보다 작은 곱셈식을 만든 사람은 누구인지 이름을 써 보세요.

- 혜원: 40×70
- 희찬: 60×60
- 민우: 84×40

(   )

12 ㉠과 ㉡의 차는 얼마인지 구해 보세요.

㉠ 26×43
㉡ 17의 13배

(   )

✏️서술형

13 준석이는 50원짜리 동전을 50개 모았습니다. 준석이가 모은 돈은 모두 얼마인지 풀이 과정을 쓰고 답을 구해 보세요.

풀이▶ _____

_____

_____

답▶ _____

AI가 뽑은 정답률 낮은 문제

14 다음 도형은 한 변의 길이가 175 cm인 정사각형 2개를 겹치지 않게 이어 붙여서 만든 것입니다. 도형에서 빨간색 선의 길이는 몇 cm인지 구해 보세요.

🔗19쪽
유형4

(   )

15 ☐ 안에 알맞은 수를 써넣으세요.

🔗 21쪽
유형 8

$$
\begin{array}{r}
\boxed{} \\
\times \quad 3 \quad 6 \\
\hline
3 \quad 2 \quad 4
\end{array}
$$

🖋 서술형

16 정인이는 문구점에서 자 3개, 연필 4자루, 지우개 2개를 샀습니다. 물건 1개의 가격이 적힌 표를 보고, 정인이가 내야 할 돈은 얼마인지 풀이 과정을 쓰고 답을 구해 보세요.

물건	자	연필	지우개
가격(원)	500	380	450

풀이▶

_____

_____

_____

답▶

_____

17 한자를 성훈이는 매일 7자씩 47일 동안 배웠고, 은진이는 매일 6자씩 56일 동안 배웠습니다. 두 사람 중에서 누가 한자를 몇 자 더 많이 배웠는지 구해 보세요.

(,   )

18 어떤 수를 31로 나누었더니 몫이 53이 되었습니다. 어떤 수는 얼마인지 구해 보세요.

🔗 20쪽
유형 5

(   )

19 모눈의 수는 모두 몇 개인지 구해 보세요.

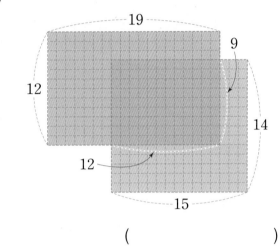

(   )

20 수 카드 4장을 모두 사용하여 계산 결과가 가장 큰 (세 자리 수)×(한 자리 수)의 곱셈 식을 만들 때, 계산 결과를 구해 보세요.

🔗 23쪽
유형 12

5	7	2	4

(   )

점수

🔗 18~23쪽에서 같은 유형의 문제를 더 풀 수 있어요.

01 수 모형을 보고 곱셈식으로 나타내어 보세요.

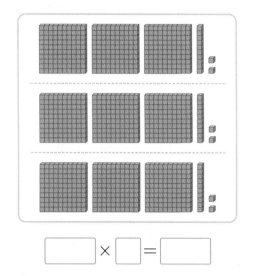

☐ × ☐ = ☐

02 곱셈의 계산 과정에서 ☐ 안의 수끼리의 곱이 실제로 나타내는 값은 얼마인지 써 보세요.

7 4
× 3 5

(   )

03~04 계산해 보세요.

03
  5
× 3 9

04 52 × 14

05 다음이 나타내는 수를 구해 보세요.

197의 7배

(   )

06 빈칸에 알맞은 수를 써넣으세요.

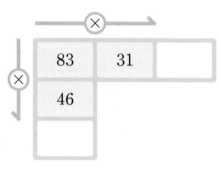

×	83	31	
×	46		

07 ☐ 안에 알맞은 숫자를 써넣고, 그 숫자가 실제로 나타내는 값을 써 보세요.

☐
7 2 8
×   8
5 8 2 4

(   )

08 계산 결과가 200보다 큰 것을 찾아 기호를 써 보세요.

┌─────────────────────────────────────┐
│ ㉠ 2×96　㉡ 3×68　㉢ 4×49 │
└─────────────────────────────────────┘

(　　　　　　)

09 가장 큰 수와 가장 작은 수의 곱을 구해 보세요.

┌─────────────────────────────────────┐
│ 　3　　271　　734　　689　　2 │
└─────────────────────────────────────┘

(　　　　　　)

10 사다리를 타고 내려가 빈칸에 계산 결과를 써넣으세요.

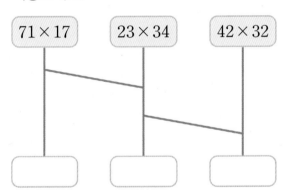

11 계산 결과가 다른 것에 ○표 해 보세요.

484×2	274×4	121×8
(　　)	(　　)	(　　)

AI가 **뽑은** 정답률 낮은 **문제** 　　🖊서술형

12 🔗20쪽 유형5　□ 안에 알맞은 수는 얼마인지 풀이 과정을 쓰고 답을 구해 보세요.

┌─────────────────────────────────────┐
│ 　　　　　□ $\div 19 = 6$ │
└─────────────────────────────────────┘

풀이 ▶ _____

_____

_____

답 ▶ _____

13 수영이의 키는 132 cm입니다. 은행나무의 키는 수영이의 키의 3배입니다. 은행나무의 키는 몇 cm인지 구해 보세요.

(　　　　　　)

AI가 **뽑은** 정답률 낮은 **문제**

14 🔗20쪽 유형6　1분 동안 유진이의 심장이 뛰는 횟수를 세었더니 75번이었습니다. 유진이의 심장이 계속 같은 빠르기로 뛴다면 1시간 동안 유진이의 심장은 몇 번 뛰는지 구해 보세요.

(　　　　　　)

AI가 뽑은 정답률 낮은 문제

15 □ 안에 알맞은 수를 써넣으세요.

21쪽 유형 7

$$27 \times \boxed{} = 19 \times 81$$

16 경민이는 7월 한 달 동안 매주 월요일, 수요일, 금요일에 태권도를 각각 50분씩 했습니다. 달력을 보고 경민이가 7월 한 달 동안 태권도를 한 시간은 모두 몇 시간 몇 분인지 구해 보세요.

7월

일	월	화	수	목	금	토
			1	2	3	4
5	6	7	8	9	10	11
12	13	14	15	16	17	18
19	20	21	22	23	24	25
26	27	28	29	30	31	

(   )

서술형

17 진서네 학교의 남학생은 146명이고, 여학생은 138명입니다. 진서네 학교의 모든 학생에게 공책을 6권씩 나누어 주려면 공책은 모두 몇 권 필요한지 풀이 과정을 쓰고 답을 구해 보세요.

풀이 ▶ _____

_____

_____

답 ▶ _____

18 벽면에 직사각형 모양의 타일을 가로로 22개씩, 세로로 16개씩 빈틈없이 붙였습니다. 똑같은 크기의 벽면 2곳에 붙인 타일은 모두 몇 개인지 구해 보세요.

(   )

AI가 뽑은 정답률 낮은 문제

19 도로의 한쪽에 처음부터 끝까지 17 m 간격으로 가로등을 35개 세웠습니다. 도로의 전체 길이는 몇 m인지 구해 보세요. (단, 가로등의 두께는 생각하지 않습니다.)

22쪽 유형 10

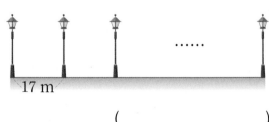

(   )

AI가 뽑은 정답률 낮은 문제

20 수 카드 4장을 모두 사용하여 계산 결과가 가장 큰 (두 자리 수)×(두 자리 수)의 곱셈식을 만들 때, 계산 결과를 구해 보세요.

23쪽 유형 12

8	0	9	3

(   )

01 ☐ 안에 알맞은 수를 써넣으세요.

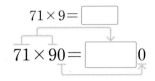

$71 \times 9 = $ ☐

$71 \times 90 = $ ☐ 0

02 $80 \times 40 = 3200$에서 2는 어느 자리에 써야 하나요? ( )

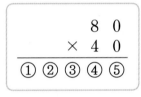

$$\begin{array}{r} 8\ 0 \\ \times\ 4\ 0 \\ \hline \textcircled{1}\ \textcircled{2}\ \textcircled{3}\ \textcircled{4}\ \textcircled{5} \end{array}$$

03 보기와 같은 방법으로 계산해 보세요.

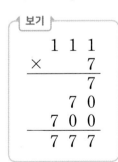

보기

$$\begin{array}{r} 1\ 1\ 1 \\ \times\quad\ 7 \\ \hline 7 \\ 7\ 0 \\ 7\ 0\ 0 \\ \hline 7\ 7\ 7 \end{array}$$

$$\begin{array}{r} 2\ 2\ 1 \\ \times\quad\ 4 \\ \hline \end{array}$$

04 덧셈식을 보고 ☐ 안에 알맞은 수를 써넣으세요.

$116 + 116 + 116 + 116 + 116 + 116$

$116 \times$ ☐ $=$ ☐

05 빈칸에 두 수의 곱을 써넣으세요.

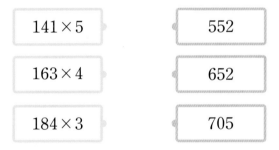

41	61

06 계산 결과에 맞게 선으로 이어 보세요.

141×5		552
163×4		652
184×3		705

AI가 **뽑은** 정답률 낮은 **문제**

07 계산을 하고, 계산 결과를 비교하여 ◯ 안에 >, =, <를 알맞게 써넣으세요.

🔗 18쪽
유형 2

$$\begin{array}{r} 9\ 2 \\ \times\ 3\ 5 \\ \hline \end{array}$$ ◯ $$\begin{array}{r} 5\ 6 \\ \times\ 5\ 7 \\ \hline \end{array}$$

15

08 잘못 계산한 곳을 찾아 바르게 계산해 보세요.

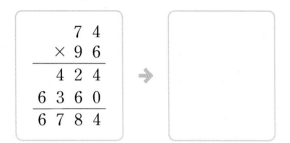

$$\begin{array}{r} 7\ 4 \\ \times\ 9\ 6 \\ \hline 4\ 2\ 4 \\ 6\ 3\ 6\ 0 \\ \hline 6\ 7\ 8\ 4 \end{array}$$

➡

09
📎18쪽
유형2

계산 결과가 큰 것부터 차례대로 기호를 써 보세요.

⊙ 432×2 ⓛ 259×5
ⓒ 188×7 ⓔ 17×67

(   )

10 빈칸에 알맞은 수를 써넣으세요.

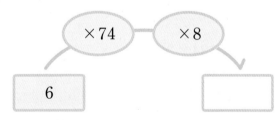

×74   ×8

6

11 ☐ 안에 알맞은 수를 써넣으세요.

$90 \times \boxed{} = 4500$

12 수빈이는 과학책을 하루에 8쪽씩 읽었습니다. 수빈이가 13일 동안 읽은 과학책은 모두 몇 쪽인지 구해 보세요.

(   )

🖊서술형

13 정사각형의 네 변의 길이의 합은 몇 cm인지 풀이 과정을 쓰고 답을 구해 보세요.

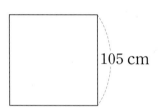

105 cm

풀이 ▶
_____

_____

_____

답 ▶
_____

14
📎21쪽
유형8

☐ 안에 알맞은 수를 써넣으세요.

$$\begin{array}{r} 5\ 7\ 2 \\ \times\ \ \ \ \boxed{} \\ \hline 5\ 1\ 4\ 8 \end{array}$$

15 상현이네 학교 3학년 학생들이 운동회를 하는데 박 터뜨리기에 사용할 콩주머니를 한 사람당 3개씩 주려고 합니다. 각 반의 학생 수가 다음과 같을 때 필요한 콩주머니는 모두 몇 개인지 구해 보세요.

반	1	2	3	4
학생 수(명)	23	22	23	21

( )

AI가 **뽑은** 정답률 낮은 **문제**

16 ⊘18쪽 유형 7 어떤 수에서 시작하여 36씩 12번 뛰어 세었더니 500이 되었습니다. 어떤 수는 얼마인지 구해 보세요.

( )

AI가 **뽑은** 정답률 낮은 **문제**

17 ⊘23쪽 유형12 수 카드 3장을 모두 사용하여 가장 작은 세 자리 수를 만들었습니다. 이 수와 4의 곱을 구해 보세요.

2 **1** **0**

( )

AI가 **뽑은** 정답률 낮은 **문제**

18 ⊘22쪽 유형 9 ☐ 안에 들어갈 수 있는 자연수 중에서 가장 큰 수를 구해 보세요.

$$286 \times \boxed{} < 1700$$

( )

서술형

19 ㉮♥㉯를 다음과 같이 계산할 때, 3♥19를 계산하면 얼마인지 풀이 과정을 쓰고 답을 구해 보세요.

$$㉮ ♥ ㉯ = ㉮ \times ㉯ \times ㉯$$

풀이 ▶
_____

_____

_____

답 ▶
_____

20 10, 11과 같은 수를 연속한 두 수라고 합니다. 이와 같이 연속한 두 수를 곱하여 곱이 7756이 되었다면 두 수는 각각 얼마인지 구해 보세요.

(,)

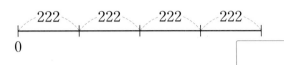

유형 1 뛰어 세기

◻ 안에 알맞은 수를 써넣으세요.

222 ⌒ 222 ⌒ 222 ⌒ 222

0 ⌞_____◻

❶Tip 0에서 시작하여 222씩 4번 뛰어 센 것을 곱셈식으로 나타내면 222 × 4예요.

1-1 ◻ 안에 알맞은 수를 써넣으세요.

139 ⌒ 139 ⌒ 139 ⌒ 139 ⌒ 139

0 ⌞_____◻

1-2 ◻ 안에 알맞은 수를 써넣으세요.

273 ⌒ 273 ⌒ 273

13 ⌞_____◻

1-3 6에서 시작하여 16씩 22번 뛰어 세면 얼마인지 구해 보세요.

(   )

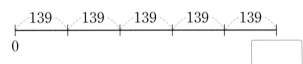

유형 2 계산 결과의 크기 비교하기

계산 결과가 가장 작은 것을 찾아 기호를 써 보세요.

ㄱ 6×84 ㄴ 7×76 ㄷ 8×65

(   )

❶Tip 각각 계산한 다음 계산 결과의 크기를 비교해요.

2-1 계산 결과가 가장 큰 것을 찾아 기호를 써 보세요.

ㄱ 52×14 ㄴ 34×32 ㄷ 27×41

(   )

2-2 계산 결과가 가장 작은 곱셈식은 어느 것인가요? (   )

① 912×4 ② 722×5 ③ 609×6
④ 544×7 ⑤ 489×8

2-3 계산 결과가 큰 것부터 차례대로 기호를 써 보세요.

ㄱ 54×64 ㄴ 29×99
ㄷ 39×70 ㄹ 81×43

(   )

1
단원

유형 3 · 몇 배 한 수 구하기

2회 10번

다음이 나타내는 수를 2배 한 수를 구해 보세요.

> 100이 4개, 10이 1개, 1이 2개인 수

(   )

> ❶Tip 나타내는 수가 얼마인지 먼저 구해요.
> 100이 ■개인 수 ┐
> 10이 ▲개인 수 ┤ ➡ ■▲●
> 1이 ●개인 수 ┘

3-1 다음이 나타내는 수를 5배 한 수를 구해 보세요.

> 100이 3개, 10이 8개, 1이 2개인 수

(   )

3-2 다음이 나타내는 수를 7배 한 수를 구해 보세요.

> 100이 4개, 1이 18개인 수

(   )

3-3 다음이 나타내는 수를 9배 한 수를 구해 보세요.

> 1이 214개인 수를 3배 한 수

(   )

유형 4 · 빨간색 선의 길이 구하기

2회 14번

다음 도형은 한 변의 길이가 112 cm인 정사각형 3개를 겹치지 않게 이어 붙여서 만든 것입니다. 도형에서 빨간색 선의 길이는 몇 cm인지 구해 보세요.

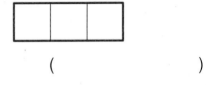

(   )

> ❶Tip 도형에서 빨간색 선의 길이는 정사각형의 한 변의 길이의 몇 배인지 생각해요.

4-1 다음 도형은 한 변의 길이가 66 cm인 정사각형 9개를 겹치지 않게 이어 붙여서 만든 것입니다. 도형에서 빨간색 선의 길이는 몇 cm인지 구해 보세요.

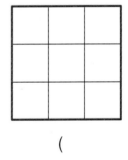

(   )

4-2 다음 도형은 한 변의 길이가 37 cm인 정사각형 8개를 겹치지 않게 이어 붙여서 만든 것입니다. 도형에서 빨간색 선의 길이는 몇 cm인지 구해 보세요.

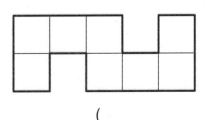

(   )

19

2회 18번 **3회 12번**

유형 5 곱셈과 나눗셈의 관계를 이용하여 문제 해결하기

☐ 안에 알맞은 수를 구해 보세요.

$$□ ÷ 13 = 42$$

( )

ⓘ Tip ■ ÷ ▲ = ●
● × ▲ = ■

5-1 ☐ 안에 알맞은 수를 구해 보세요.

$$□ ÷ 7 = 143$$

( )

5-2 ☐ 안에 알맞은 수를 구해 보세요.

$$□ ÷ 64 = 38$$

( )

5-3 어떤 수를 94로 나누었더니 몫이 5가 되었습니다. 어떤 수는 얼마인지 구해 보세요.

( )

3회 14번

유형 6 시간을 이용한 문장제 해결하기

장난감 공장에서 장난감을 1초에 16개씩 만들고 있습니다. 이 공장에서 1분 동안 장난감을 몇 개 만들 수 있는지 구해 보세요.

( )

ⓘ Tip 1분 = 60초

6-1 1시간은 몇 초인지 구해 보세요.

( )

6-2 어느 지역에 1시간에 12 mm의 비가 내리고 있습니다. 하루 종일 똑같은 양의 비가 온다면 이 지역에 하루에 내린 비의 양은 모두 몇 mm인지 구해 보세요.

( )

6-3 현애는 매일 줄넘기를 85번씩 하고 있습니다. 현애가 2주일 동안 꾸준히 줄넘기했다면 현애가 줄넘기한 횟수는 모두 몇 번인지 구해 보세요.

( )

🔗 1회 15번 🔗 3회 15번

유형 7 　계산 결과가 같은 곱셈식 만들기

두 곱셈식의 계산 결과가 같도록 ☐ 안에 알맞은 수를 써넣으세요.

| 34 × 40 | 17 × ☐ |

ⓘTip 17과 34의 관계와 40과 ☐의 관계를 생각하여 ☐ 안에 알맞은 수를 구해요.

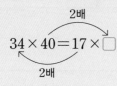

7-1 두 곱셈식의 계산 결과가 같도록 ☐ 안에 알맞은 수를 써넣으세요.

| ☐ × 82 | 41 × 18 |

7-2 ☐ 안에 알맞은 수를 써넣으세요.

$$18 \times \boxed{} = 19 \times 72$$

7-3 ☐ 안에 알맞은 수를 써넣으세요.

$$64 \times 13 = 32 \times \boxed{}$$
$$= 16 \times \boxed{}$$

🔗 2회 15번 🔗 4회 14번

유형 8 　☐ 안에 알맞은 수 써넣기

☐ 안에 알맞은 수를 써넣으세요.

```
      3 ☐ 2
  ×       7
  ─────────
  2 5 3 4
```

ⓘTip ☐와 7의 곱의 일의 자리 숫자가 얼마가 되어야 하는지 생각하여 ☐의 값을 구해요.

8-1 ☐ 안에 알맞은 수를 써넣으세요.

```
        6
  ×   ☐ 8
  ─────────
  2 2 8
```

8-2 ☐ 안에 알맞은 수를 써넣으세요.

```
      1 3
  ×   2 ☐
  ─────────
  3 ☐ 4
```

8-3 곱셈식에서 ●의 값은 모두 같습니다. ●는 얼마인지 구해 보세요.

```
    ● ● ●
  ×     ●
  ─────────
  3 9 9 ●
```

(　　　　　　　　)

21

유형 9 범위에 알맞은 수 구하기

🔗 4회 18번

☐ 안에 들어갈 수 있는 수를 모두 찾아 ○표 해 보세요.

$$513 \times \boxed{} > 2560$$

(3 , 4 , 5 , 6 , 7)

❶ Tip ☐ 안에 들어갈 수를 어림한 다음 ☐ 안에 직접 수를 넣어 보며 ☐의 값을 구해요.

9-1 1부터 9까지의 수 중에서 ☐ 안에 들어갈 수 있는 수는 모두 몇 개인지 구해 보세요.

$$440 > \boxed{} \times 88$$

(   )

9-2 ☐ 안에 들어갈 수 있는 자연수 중에서 가장 큰 수를 구해 보세요.

$$33 \times 74 > \boxed{}$$

(   )

9-3 ☐ 안에 들어갈 수 있는 자연수는 모두 몇 개인지 구해 보세요.

$$20 \times 90 < 357 \times \boxed{} < 81 \times 36$$

(   )

유형 10 전체 길이 구하기

🔗 3회 19번

도로의 한쪽에 처음부터 끝까지 22 m 간격으로 가로등을 36개 세웠습니다. 도로의 전체 길이는 몇 m인지 구해 보세요. (단, 가로등의 두께는 생각하지 않습니다.)

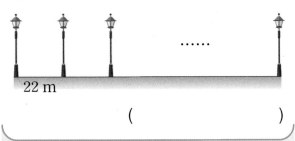

22 m

(   )

❶ Tip (간격의 수)=(가로등의 수)−1이므로 가로등 사이의 간격에 가로등의 수보다 1 작은 수를 곱해야 해요.

10-1 길의 한쪽에 처음부터 끝까지 9 m 간격으로 가로수를 85그루 심었습니다. 길의 전체 길이는 몇 m인지 구해 보세요. (단, 가로수의 두께는 생각하지 않습니다.)

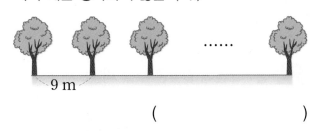

9 m

(   )

10-2 길이가 30 cm인 색 테이프 20장을 그림과 같이 5 cm씩 겹치게 한 줄로 이어 붙였습니다. 이어 붙인 색 테이프 전체의 길이는 몇 cm인지 구해 보세요.

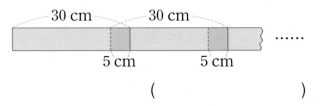

30 cm   30 cm

5 cm   5 cm

(   )

1 단원

유형 11 **바르게 계산한 값 구하기** 〔1회 18번〕

어떤 수에 39를 곱해야 할 것을 잘못하여 더했더니 77이 되었습니다. 바르게 계산한 값을 구해 보세요.

(   )

❶Tip 어떤 수를 □라 하여 잘못 계산한 식을 만든 다음 먼저 어떤 수를 구해요.

11 -1 어떤 수에 4를 곱해야 할 것을 잘못하여 더했더니 121이 되었습니다. 바르게 계산한 값을 구해 보세요.

(   )

11 -2 어떤 수에 56을 곱해야 할 것을 잘못하여 어떤 수에서 56을 뺐더니 28이 되었습니다. 바르게 계산한 값을 구해 보세요.

(   )

11 -3 어떤 수에 23을 곱해야 할 것을 잘못하여 어떤 수에 32를 더했더니 74가 되었습니다. 바르게 계산한 값을 구해 보세요.

(   )

유형 12 **수 카드를 사용하여 곱셈식 만들기** 〔2회 20번〕〔3회 20번〕〔4회 17번〕

수 카드 4장을 모두 사용하여 계산 결과가 가장 큰 (세 자리 수)×(한 자리 수)의 곱셈식을 만들 때, 계산 결과를 구해 보세요.

8 3 6 2

(   )

❶Tip (세 자리 수)×(한 자리 수)의 곱셈식을 만들 때 계산 결과가 가장 크게 되려면 곱하는 수를 가장 큰 수로 하고, 곱해지는 수는 나머지 3개의 수로 가장 큰 수를 만들면 돼요.

12 -1 수 카드 4장을 모두 사용하여 계산 결과가 가장 작은 (세 자리 수)×(한 자리 수)의 곱셈식을 만들 때, 계산 결과를 구해 보세요.

7 2 4 5

(   )

12 -2 수 카드 3장을 모두 사용하여 두 번째로 큰 세 자리 수를 만들었습니다. 이 수와 3의 곱을 구해 보세요.

3 0 2

(   )

12 -3 수 카드 4장을 모두 사용하여 계산 결과가 가장 작은 (두 자리 수)×(두 자리 수)의 곱셈식을 만들 때, 계산 결과를 구해 보세요.

2 4 1 3

(   )

2

나눗셈

나눗셈

개념 1 (몇십)÷(몇)

◆ 40÷2의 계산

$$4 \div 2 = 2 \rightarrow 40 \div 2 = 20$$

10배 / ☐배

◆ 60÷5의 계산

$$60 \div 5 = 12$$

몫 → 1 2
5)6 0

나누는 수
나누어지는 수

개념 2 (몇십몇)÷(몇)

◆ 51÷3의 계산

```
    1              1 ☐
3)5 1     →    3)5 1
  3 0 ←3×10      3 0
  2 1            2 1
                 2 1 ←3×7
                   0
```

◆ 32÷6과 30÷6의 계산

```
     5              5
6)3 2           6)3 0
  3 0              3 0
    2                0
```

32를 6으로 나누면 몫은 5이고 2가 남습니다.
이때 2를 32÷6의 나머지라고 합니다.
나머지가 0이면 나누어떨어진다고 합니다.

참고
나머지는 항상 나누는 수보다 작아요.

개념 3 (세 자리 수)÷(한 자리 수)

◆ 860÷2의 계산

```
    4                 4 3 0
2)8 6 0     →     2)8 6 0
  8 0 0             8 0 0
    6 0               6 0
                      6 0
                         0
```

◆ 263÷4의 계산

```
    6                 6 5
4)2 6 3     →     4)2 6 3
  2 4 0             2 4 0
    2 3               2 3
                      2 0
                      ☐
```

참고
백의 자리에서 나눌 수 없으면 백의 자리와 십의
자리를 동시에 나누어요.

개념 4 계산 결과가 맞는지 확인하기

◆ 82÷5=16 ··· 2가 맞는지 확인하기

$$82 \div 5 = 16 \cdots 2$$

확인 5×16=80, 80+☐=82

나누는 수와 몫의 곱에 나머지를 더하면 나누
어지는 수가 되어야 합니다.

정답 ❶10 ❷7 ❸3 ❹2

01 수 모형을 보고 계산해 보세요.

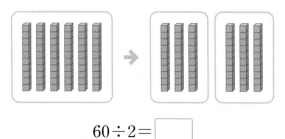

$60 \div 2 =$ ☐

02 나눗셈식을 보고 몫과 나머지를 각각 구해 보세요.

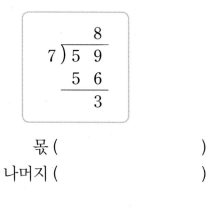

몫 (   )
나머지 (   )

03 $48 \div 3$의 몫을 구할 때 가장 먼저 계산해야 하는 식을 찾아 기호를 써 보세요.

ㄱ $8 \div 3$ ㄴ $18 \div 3$ ㄷ $4 \div 3$

(   )

04 계산해 보세요.

$90 \div 6$

05 빈칸에 알맞은 수를 써넣으세요.

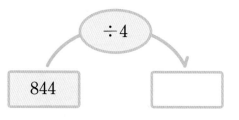

844

AI가 뽑은 정답률 낮은 문제

06 다음 나눗셈에서 나머지가 될 수 없는 수를 모두 고르세요. (   )

⌗38쪽 유형2

☐ $\div 5$

① 2   ② 3   ③ 4
④ 5   ⑤ 6

AI가 뽑은 정답률 낮은 문제

07 몫의 크기를 비교하여 ◯ 안에 >, =, <를 알맞게 써넣으세요.

⌗38쪽 유형1

$70 \div 2$ ◯ $90 \div 3$

08 5로 나누었을 때 나머지가 3인 수를 찾아 써 보세요.

| 62 | 73 | 84 | 95 |

(   )

09 나눗셈식 $99 \div 8 = 12 \cdots 3$을 맞게 계산했는지 확인하려고 합니다. ▢ 안에 알맞은 수를 써넣으세요.

확인 $8 \times \boxed{} = \boxed{},$

$\boxed{} + 3 = \boxed{}$

10 가장 큰 수를 가장 작은 수로 나누었을 때의 몫을 구해 보세요.

| 180 | 4 | 524 | 8 | 648 |

(   )

AI가 뽑은 정답률 낮은 문제

11 ▢ 안에 알맞은 수를 써넣으세요.

🔗 39쪽
유형3

$$\boxed{} \times 2 = 46$$

12 계산해 보고, 계산 결과가 맞는지 확인해 보세요.

$$388 \div 6$$

몫 (   )

나머지 (   )

확인 $6 \times \boxed{} = \boxed{},$

$\boxed{} + \boxed{} = \boxed{}$

✏️서술형

13 떡 39개를 3명에게 똑같이 나누어 주려고 합니다. 한 명에게 나누어 주는 떡은 몇 개인지 풀이 과정을 쓰고 답을 구해 보세요.

풀이 ▶

_____

_____

_____

답 ▶

_____

14 색 테이프 85 cm를 한 도막이 7 cm가 되도록 자르려고 합니다. 7 cm짜리 도막은 몇 개까지 만들 수 있고, 남은 색 테이프는 몇 cm인지 구해 보세요.

(,   )

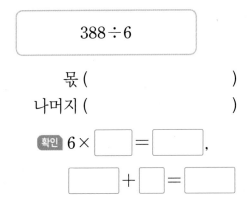

2 단원

AI가 뽑은 정답률 낮은 문제

15 $\,^{\mathscr{O}}$41쪽 유형 7 두 식의 계산 결과가 같을 때 ☐ 안에 알맞은 수를 써넣으세요.

$$84 \div 2 \qquad 3 \times \boxed{}$$

서술형

16 남학생 127명과 여학생 129명이 있습니다. 학생들을 한 줄에 8명씩 세우면 모두 몇 줄이 되는지 풀이 과정을 쓰고 답을 구해 보세요.

풀이 ▶

답 ▶

17 세웅이는 일정한 속도로 수학 문제를 풀고 있습니다. 9문제를 푸는 데 8분 15초가 걸렸다면 한 문제를 푸는 데 걸린 시간은 몇 초인지 구해 보세요.

(   )

AI가 뽑은 정답률 낮은 문제

18 $\,^{\mathscr{O}}$42쪽 유형 9 다음 나눗셈이 나누어떨어질 때 0부터 9까지의 수 중에서 ☐ 안에 알맞은 수를 모두 구해 보세요.

$$9\boxed{} \div 7$$

(   )

19 철사를 겹치지 않게 모두 사용하여 세 변의 길이가 같은 삼각형을 만들었습니다. 이 철사를 모두 펴서 겹치지 않게 정사각형을 만든다면 정사각형의 한 변의 길이는 몇 cm인지 구해 보세요.

32 cm

(   )

AI가 뽑은 정답률 낮은 문제

20 $\,^{\mathscr{O}}$43쪽 유형 12 수 카드 3장을 모두 사용하여 몫이 가장 큰 (몇십몇)÷(몇)의 나눗셈을 만들었습니다. 만든 나눗셈의 몫과 나머지를 각각 구해 보세요.

| 5 | 6 | 7 |

몫 (   )
나머지 (   )

점수

∅38~43쪽에서 같은 유형의 문제를 더 풀 수 있어요.

01 ☐ 안에 알맞은 수를 써넣으세요.

$6 \div 3 =$ ☐ ➡ $60 \div 3 =$ ☐

02 몫을 바르게 구한 것에 ○표 해 보세요.

$90 \div 6 = 15$	$90 \div 9 = 11$
( )	( )

03 나눗셈식 $45 \div 7 = 6 \cdots 3$을 보고 바르게 설명한 사람은 누구인지 이름을 써 보세요.

- 지연: 몫은 7이야.
- 찬석: 나머지는 3이야.
- 영후: 나누어떨어지는 나눗셈이야.

( )

04 계산해 보세요.

$8 \overline{)9\ 9\ 8}$

05 큰 수를 작은 수로 나누었을 때의 몫을 빈 칸에 써넣으세요.

5	115

06 빈칸에 알맞은 수를 써넣으세요.

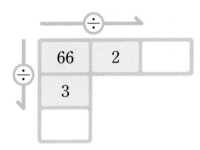

07 다음 나눗셈의 ☐ 안에 수를 넣었을 때 몫을 가장 크게 하는 수는 어느 것인가요?

( )

$96 \div$ ☐

① 2   ② 3   ③ 4
④ 6   ⑤ 8

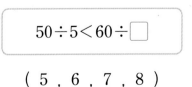
AI가 뽑은 정답률 낮은 문제

08 몫의 크기를 비교하려고 합니다. ☐ 안에 들어갈 수 있는 수에 ○표 해 보세요.

∅40쪽
유형5

$50 \div 5 < 60 \div$ ☐

(5 , 6 , 7 , 8)

09 몫이 두 자리 수인 나눗셈을 모두 찾아 기호를 써 보세요.

$\bigcirc$ $195 \div 2$	$\bigcirc$ $513 \div 4$
$\bigcirc$ $692 \div 6$	$\bigcirc$ $640 \div 7$

(   )

10 나눗셈을 하고 계산 결과가 맞는지 확인하려고 합니다. ☐ 안에 알맞은 수를 써넣으세요.

$$77 \div 3 = \boxed{} \cdots \boxed{}$$

확인 $3 \times \boxed{} = \boxed{}$,

$\boxed{} + \boxed{} = \boxed{}$

📝서술형

11 잘못 계산한 곳을 찾아 이유를 쓰고, 바르게 계산해 보세요.

```
      6
  9 ) 6 4
      5 4
      1 0
```

이유▶

_____

_____

_____

12 주어진 수 중에서 3으로 나누어도 나누어떨어지고, 4로 나누어도 나누어떨어지는 수를 찾아 써 보세요.

63	68	72	88

(   )

13 붙임 딱지 712장을 8명에게 똑같이 나누어 주려고 합니다. 한 명에게 붙임 딱지를 몇 장씩 나누어 줄 수 있는지 구해 보세요.

(   )

🚌 AI가 뽑은 정답률 낮은 문제

14 인삼밭에서 인삼을 69뿌리 수확했습니다. 한 상자에 5뿌리씩 포장하여 판매한다면 몇 상자까지 팔 수 있는지 구해 보세요.

🔗 39쪽
유형4

(   )

15 ☐ 안에 알맞은 수를 써넣으세요.

$$\boxed{} \div 4 = 93 \cdots 3$$

AI가 뽑은 정답률 낮은 문제

16 🖊️서술형

📎 40쪽
유형 6

꽃 80송이를 꽃병 6개에 똑같이 나누어 꽂으려고 합니다. 남는 꽃이 없게 하려면 꽃은 적어도 몇 송이 더 필요한지 풀이 과정을 쓰고 답을 구해 보세요.

풀이 ▶ _____

_____

_____

답 ▶ _____

AI가 뽑은 정답률 낮은 문제
17

📎 43쪽
유형 12

수 카드 3장 중에서 2장을 골라 만든 두 번째로 큰 두 자리 수를 남은 수 카드의 수로 나누었을 때의 몫을 구해 보세요.

(_____)

AI가 뽑은 정답률 낮은 문제
18 ☐ 안에 알맞은 수를 써넣으세요.

📎 42쪽
유형 10

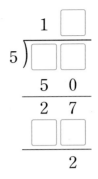

AI가 뽑은 정답률 낮은 문제
19

📎 43쪽
유형 11

어떤 수를 2로 나누어야 할 것을 잘못하여 어떤 수에 2를 곱했더니 82가 되었습니다. 바르게 계산한 몫과 나머지를 각각 구해 보세요.

몫 (_____)

나머지 (_____)

20 6으로 나누어도 나누어떨어지고, 7로 나누어도 나누어떨어지는 수 중에서 가장 큰 두 자리 수를 구해 보세요.

(_____)

01 수 모형을 보고 계산해 보세요.

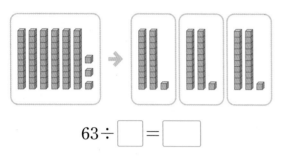

$63 \div \boxed{} = \boxed{}$

02 나눗셈식을 보고 ☐ 안에 알맞은 말을 써 넣으세요.

$78 \div 4 = 19 \cdots 2$

78을 4로 나누면 ☐은/는 19이고, 2가 남습니다. 이때 2를 $78 \div 4$의 ☐(이)라고 합니다.

03 ☐ 안에 알맞은 수를 써넣으세요.

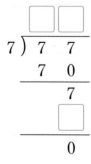

04 보기와 같은 방법으로 나눗셈식을 뺄셈식 으로 나타내어 보세요.

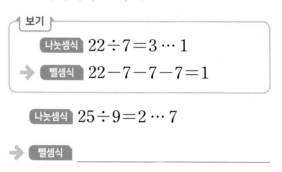

나눗셈식 $25 \div 9 = 2 \cdots 7$

➡ 뺄셈식 _____

05 계산해 보고 몫과 나머지의 합을 구해 보 세요.

$423 \div 2$

(   )

06 구슬 65개를 5명에게 똑같이 나누어 주기 위해 구해야 하는 식은 어느 것인가요?

(   )

① $6 \div 5$ ② $5 \div 5$ ③ $60 \div 5$
④ $65 \div 5$ ⑤ $56 \div 5$

07 나눗셈의 나머지를 찾아 선으로 이어 보세요.

$47 \div 4$	1
$38 \div 6$	2
$89 \div 8$	3

08 ⬚ 안에 몫을 써넣고, ◯ 안에 나머지를 써넣으세요.

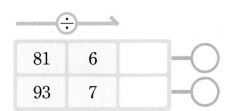

| 81 | 6 | | ◯ |
| 93 | 7 | | ◯ |

09 몫이 다른 것에 ◯표 해 보세요.

| 45÷3 | 64÷4 | 80÷5 |

(   ) (   ) (   )

10 빈칸에 나눗셈의 몫을 써넣으세요.

÷	80	300	682
2			

AI가 뽑은 정답률 낮은 문제
11
∅ 38쪽
유형 2

11 어떤 수를 6으로 나누었을 때 나올 수 있는 나머지 중에서 가장 큰 수는 무엇인지 구해 보세요.

(   )

AI가 뽑은 정답률 낮은 문제
12
∅ 38쪽
유형 1

12 나머지가 큰 것부터 차례대로 기호를 써 보세요.

| ㉠ 88÷3 | ㉡ 214÷5 |
| ㉢ 98÷8 | ㉣ 822÷9 |

(   )

13 야구공 70개를 상자 한 개에 5개씩 나누어 담으려고 합니다. 상자는 모두 몇 개 필요한지 구해 보세요.

(   )

AI가 뽑은 정답률 낮은 문제
14
∅ 39쪽
유형 4
📝 서술형

14 성훈이는 전체 쪽수가 93쪽인 위인전을 모두 읽으려고 합니다. 하루에 8쪽씩 읽는다면 위인전을 모두 읽는 데 며칠이 걸리는지 풀이 과정을 쓰고 답을 구해 보세요.

풀이 ▶ _____

_____

_____

답 ▶ _____

2 단원

AI가 뽑은 정답률 낮은 문제

15 □ 안에 들어갈 수 있는 자연수를 모두 구해 보세요.

⌗ 40쪽
유형 5

$$168 \div 3 < \square < 240 \div 4$$

( )

16 세하는 가지고 있던 구슬을 한 명에게 3개씩 나누어 주었더니 19명에게 주고 2개가 남았습니다. 세하가 처음에 가지고 있던 구슬은 몇 개인지 구해 보세요.

( )

🖉 서술형

17 같은 모양은 같은 수를 나타냅니다. ▲에 알맞은 수는 얼마인지 풀이 과정을 쓰고 답을 구해 보세요.

• $180 \div 2 = ●$
• $● \div 5 = ▲$

풀이 ▶

_____

_____

_____

답 ▶

_____

AI가 뽑은 정답률 낮은 문제

18 길이가 805 m인 도로의 한쪽에 처음부터 끝까지 가로등을 세우려고 합니다. 7 m 간격으로 가로등을 세운다면 가로등은 모두 몇 개 필요한지 구해 보세요. (단, 가로등의 두께는 생각하지 않습니다.)

⌗ 41쪽
유형 8

( )

19 조건에 맞는 수를 모두 구해 보세요.

• 60보다 크고 80보다 작습니다.
• 6으로 나누면 나머지가 2입니다.

( )

AI가 뽑은 정답률 낮은 문제

20 수 카드 4장을 모두 사용하여 몫이 가장 작은 (세 자리 수)÷(한 자리 수)의 나눗셈을 만들었습니다. 만든 나눗셈의 몫과 나머지를 각각 구해 보세요.

⌗ 43쪽
유형 12

| 3 | 9 | 7 | 4 |

몫 ( )

나머지 ( )

01 ☐ 안에 알맞은 수를 써넣으세요.

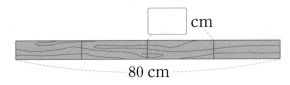

$$93 \div 3 \begin{cases} 90 \div 3 = \boxed{} \\ 3 \div 3 = \boxed{} \end{cases} \boxed{}$$

02 나무 막대를 똑같이 4도막으로 나누었습니다. ☐ 안에 알맞은 수를 써넣으세요.

☐ cm

80 cm

03 계산해 보세요.

$$5\,\overline{)\,9\ 2}$$

04 60÷6의 몫은 6÷6의 몫의 몇 배인지 구해 보세요.

( )

05 두 나눗셈의 몫의 합을 구해 보세요.

| 120÷2 | 777÷7 |

( )

AI가 뽑은 정답률 낮은 문제

06 나머지의 크기를 비교하여 ◯ 안에 >, =, <를 알맞게 써넣으세요.

📎38쪽
유형1

| 99÷8 | ◯ | 93÷9 |

07 나누어떨어지지 않는 나눗셈은 어느 것인가요? ( )

① 30÷2   ② 30÷3   ③ 30÷4
④ 30÷5   ⑤ 30÷6

08 사다리를 타고 내려가 빈칸에 나머지를 써 넣으세요.

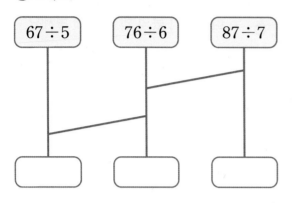

09 빈칸에 알맞은 수를 써넣으세요.

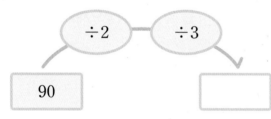

10 잘못 계산한 곳을 찾아 바르게 계산해 보세요.

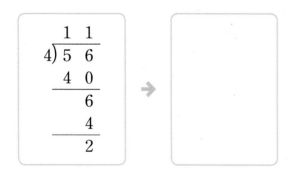

AI가 뽑은 정답률 낮은 문제

11 □ 안에 알맞은 수를 써넣으세요.

🔗 39쪽 유형 **3**

$$8 \times \boxed{} = 904$$

12 다음은 (몇십몇)÷(몇)의 나눗셈을 하고 맞게 계산했는지 확인한 것입니다. 계산한 나눗셈식은 무엇인지 □ 안에 알맞은 수를 써넣으세요.

$$3 \times 24 = 72, \ 72 + 2 = 74$$

$$\boxed{} \div \boxed{} = \boxed{} \cdots \boxed{}$$

13 책 425권을 책장 한 칸에 9권씩 꽂으려고 합니다. 책을 책장 몇 칸에 꽂을 수 있고, 남는 책은 몇 권인지 구해 보세요.

(,   )

AI가 뽑은 정답률 낮은 문제

14 □ 안에 들어갈 수 있는 자연수를 모두 구해 보세요.

🔗 40쪽 유형 **5**

$$60 \div 4 < \boxed{} < 90 \div 5$$

(   )

15 70보다 크고 90보다 작은 두 자리 수 중에서 5로 나누어떨어지는 수를 모두 구해 보세요.

( )

16 나눗셈 258÷6에 알맞은 문제를 만들고, 답을 구해 보세요.

문제▶
_____

_____

_____

답▶
_____

17 어느 농장에 있는 돼지와 오리의 다리 수를 세어 보니 모두 120개였습니다. 돼지가 16마리라면 오리는 몇 마리인지 풀이 과정을 쓰고 답을 구해 보세요.

풀이▶
_____

_____

_____

답▶
_____

18 다음과 같은 직사각형 모양의 색 도화지를 한 변이 4 cm인 정사각형 모양으로 잘라서 메모지를 만들려고 합니다. 메모지는 모두 몇 장 만들 수 있는지 구해 보세요.

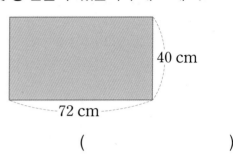

( )

19 ☐ 안에 들어갈 수 있는 자연수 중에서 가장 큰 수와 가장 작은 수의 합을 구해 보세요. (단, 나눗셈은 나누어떨어지지 않습니다.)

$$\square \div 7 = 12 \cdots ★$$

( )

20 (세 자리 수)÷(한 자리 수)의 나눗셈식을 보고, ♥에 알맞은 수를 구해 보세요.

@42쪽 유형10

```
      ☐ 4
  9) 7 ♥ ☐
     ☐☐☐
      ☐ 2
     ☐☐
       6
```

( )

∅ 1회 7번　∅ 3회 12번　∅ 4회 6번

유형 1 몫 또는 나머지의 크기 비교하기

몫이 가장 큰 나눗셈을 찾아 기호를 써 보세요.

┌─────────────────────────────┐
│ ㉠ $30 \div 3$　㉡ $60 \div 4$　㉢ $70 \div 5$ │
└─────────────────────────────┘

(　　　　　)

❶Tip 각각 계산하고 몫의 크기를 비교해요.

1-1 나머지가 가장 큰 나눗셈을 찾아 기호를 써 보세요.

┌─────────────────────────────┐
│ ㉠ $39 \div 6$　㉡ $55 \div 7$　㉢ $73 \div 8$ │
└─────────────────────────────┘

(　　　　　)

1-2 몫이 작은 것부터 차례대로 기호를 써 보세요.

┌─────────────────────────────┐
│ ㉠ $24 \div 2$　　　㉡ $55 \div 5$ │
│ ㉢ $98 \div 7$　　　㉣ $90 \div 9$ │
└─────────────────────────────┘

(　　　　　)

1-3 나머지가 작은 것부터 차례대로 기호를 써 보세요.

┌─────────────────────────────┐
│ ㉠ $122 \div 5$　　　㉡ $245 \div 6$ │
│ ㉢ $487 \div 7$　　　㉣ $811 \div 8$ │
└─────────────────────────────┘

(　　　　　)

∅ 1회 6번　∅ 3회 11번

유형 2 나누는 수와 나머지의 관계를 이용하여 문제 해결하기

나눗셈 $\square \div 4$에서 나머지가 될 수 있는 수를 모두 찾아 ○표 해 보세요.

(1 , 2 , 3 , 4 , 5)

❶Tip (나누는 수) > (나머지)

2-1 나머지가 3이 될 수 없는 식은 어느 것인가요? (　　)

① $\square \div 3$　② $\square \div 4$　③ $\square \div 5$
④ $\square \div 6$　⑤ $\square \div 7$

2-2 어떤 수를 8로 나누었을 때 나올 수 있는 나머지 중에서 가장 큰 수는 얼마인지 구해 보세요.

(　　　　　)

2-3 어떤 나눗셈에서 나머지가 될 수 있는 가장 큰 수는 6입니다. 이 나눗셈의 나누는 수는 얼마인지 구해 보세요.

(　　　　　)

🔗 1회 11번 🔗 4회 11번

유형 3 곱셈과 나눗셈의 관계를 이용하여 문제 해결하기

☐ 안에 알맞은 수를 구해 보세요.

$$\square \times 2 = 88$$

( )

❶Tip ● × ▲ = ■
$$\blacksquare \div \blacktriangle = \bullet$$

3-1 ☐ 안에 알맞은 수를 구해 보세요.

$$5 \times \square = 95$$

( )

3-2 ㉠과 ㉡에 알맞은 수의 차를 구해 보세요.

$$㉠ \times 7 = 84 \qquad 3 \times ㉡ = 123$$

( )

3-3 어떤 수에 8을 곱했더니 408이 되었습니다. 어떤 수는 얼마인지 구해 보세요.

( )

🔗 2회 14번 🔗 3회 14번

유형 4 나머지를 이용하여 문제 해결하기

어느 가게에서 쿠키 80개를 만들었습니다. 쿠키를 한 상자에 6개씩 담아서 판다면 몇 상자까지 팔 수 있는지 구해 보세요.

( )

❶Tip 똑같이 담고 남은 것은 팔 수 없어요.

4-1 어느 공장에서 테니스공 55개를 만들었습니다. 테니스공을 한 통에 3개씩 담아서 판다면 몇 통까지 팔 수 있는지 구해 보세요.

( )

4-2 연필 94자루를 9자루까지 꽂을 수 있는 연필꽂이에 모두 꽂으려고 합니다. 연필꽂이는 적어도 몇 개 필요한지 구해 보세요.

( )

4-3 지현이네 학교 3학년 학생 75명이 모두 자동차를 타고 이동하려고 합니다. 자동차 한 대에 4명까지 탈 수 있다면 필요한 자동차는 적어도 몇 대인지 구해 보세요.

( )

🔗 2회 8번 🔗 3회 15번 🔗 4회 14번

유형 5 범위에 알맞은 수 구하기

□ 안에 들어갈 수 있는 자연수 중에서 가장 큰 수를 구해 보세요.

$$\square < 70 \div 7$$

(   )

❶Tip 계산할 수 있는 것을 먼저 계산하여 식을 간단하게 나타내요.

5-1 □ 안에 들어갈 수 있는 자연수 중에서 가장 작은 수를 구해 보세요.

$$\square > 484 \div 4$$

(   )

5-2 □ 안에 들어갈 수 있는 수에 모두 ○표 해 보세요.

$$60 \div \square < 80 \div 4$$

(2 , 3 , 4 , 5)

5-3 □ 안에 들어갈 수 있는 두 자리 수는 모두 몇 개인지 구해 보세요.

$$84 \div 6 < \square < 69 \div 3$$

(   )

🔗 2회 16번

유형 6 남는 것이 없게 하기 위해 더 필요한 수 구하기

지우개 71개를 5명에게 똑같이 나누어 주려고 합니다. 남는 지우개가 없게 하려면 지우개는 적어도 몇 개 더 필요한지 구해 보세요.

(   )

❶Tip 나누는 수와 나머지의 관계를 생각하여 남는 지우개가 없게 하기 위해 더 필요한 지우개의 수를 구해요.

6-1 초콜릿 83개를 3명에게 똑같이 나누어 주려고 합니다. 남는 초콜릿이 없게 하려면 초콜릿은 적어도 몇 개 더 필요한지 구해 보세요.

(   )

6-2 구슬 322개가 있습니다. 구슬을 9개씩 꿰어서 팔찌를 만들 때 남는 구슬이 없게 하려면 구슬은 적어도 몇 개 더 필요한지 구해 보세요.

(   )

6-3 어느 공장에서 색연필 550자루를 만들었습니다. 색연필을 8자루씩 담아서 팔 때, 남는 색연필이 없게 하려면 색연필은 적어도 몇 자루 더 필요한지 구해 보세요.

(   )

유형 7 ⌀ 1회 15번 두 식의 계산 결과가 같게 만들기

두 식의 계산 결과가 같을 때 ☐ 안에 알맞은 수를 써넣으세요.

$$210 \div 2 \qquad 7 \times \boxed{}$$

❶ Tip 계산할 수 있는 것을 먼저 계산하고, 곱셈과 나눗셈의 관계를 이용하여 ☐ 안에 알맞은 수를 구해요.

7 -1 두 식의 계산 결과가 같을 때 ☐ 안에 알맞은 수를 써넣으세요.

$$112 \div 4 \qquad 2 \times \boxed{}$$

7 -2 ☐ 안에 알맞은 수를 써넣으세요.

$$8 \times \boxed{} = 288 \div 3$$

7 -3 ☐ 안에 알맞은 수를 써넣으세요.

$$480 \div 5 = 3 \times \boxed{}$$
$$= 6 \times \boxed{}$$

유형 8 ⌀ 3회 18번 가로등의 수 구하기

길이가 592 m인 도로의 한쪽에 처음부터 끝까지 가로등을 세우려고 합니다. 8 m 간격으로 가로등을 세운다면 가로등은 모두 몇 개 필요한지 구해 보세요. (단, 가로등의 두께는 생각하지 않습니다.)

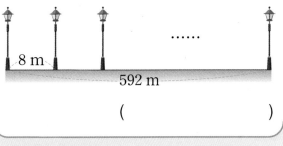

(   )

❶ Tip (가로등의 수)=(간격의 수)+1이에요.

8 -1 길이가 198 m인 길의 한쪽에 처음부터 끝까지 가로수를 심으려고 합니다. 6 m 간격으로 가로수를 심는다면 가로수는 모두 몇 그루 필요한지 구해 보세요. (단, 가로수의 두께는 생각하지 않습니다.)

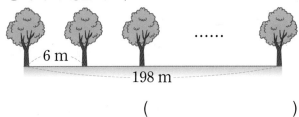

(   )

8 -2 길이가 711 m인 도로의 양쪽에 처음부터 끝까지 가로등을 세우려고 합니다. 9 m 간격으로 가로등을 세운다면 가로등은 모두 몇 개 필요한지 구해 보세요. (단, 가로등의 두께는 생각하지 않습니다.)

(   )

1회 18번

유형 9 조건에 맞는 나누어지는 수 구하기

오른쪽 나눗셈이 나누어떨
어질 때 0부터 9까지의 수
중에서 □ 안에 들어갈 수
있는 수를 모두 구해 보세요.

$8\square \div 5$

( )

ⓘTip 세로셈으로 계산해 보면 중간
과정에서 3□가 5로 나누어떨
어져야 하는 것을 알 수 있어요.

$$\begin{array}{r} 1 \\ 5\overline{)8\ \square} \\ 5\ 0 \\ \hline 3\ \square \end{array}$$

9-1 오른쪽 나눗셈이 나
누어떨어질 때 0부터 9까지의
수 중에서 □ 안에 들어갈 수
있는 수를 모두 구해 보세요.

$6\overline{)7\ \square}$

( )

9-2 오른쪽 나눗셈의 나
머지가 3일 때 0부터 9까지의
수 중에서 □ 안에 들어갈 수
있는 수를 모두 구해 보세요.

$9\square \div 4$

( )

9-3 오른쪽 나눗셈의 몫
이 123일 때 0부터 9까지의
수 중에서 □ 안에 들어갈 수
있는 수를 모두 구해 보세요.

$37\square \div 3$

( )

2회 18번 · 4회 20번

유형 10 □ 안에 알맞은 수 써넣기

□ 안에 알맞은 수를 써넣으세요.

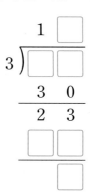

ⓘTip 먼저 알 수 있는 □의 값부터 알맞은 수를
써넣으면 나머지 □의 값을 구할 수 있어요.

10-1 □ 안에 알맞은 수를 써넣으세요.

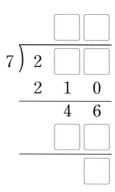

10-2 □ 안에 알맞은 수를 써넣으세요.

$$\begin{array}{r} \square\ \square \\ 7\overline{)2\ \square\ \square} \\ 2\ 1\ 0 \\ \hline 4\ 6 \\ \square\ \square \\ \hline \square \end{array}$$

2회 19번

유형 11 바르게 계산한 몫과 나머지 구하기

어떤 수를 2로 나누어야 할 것을 잘못하여 어떤 수에 2를 곱했더니 78이 되었습니다. 바르게 계산한 몫과 나머지를 각각 구해 보세요.

몫 (   )

나머지 (   )

❶Tip 어떤 수를 □로 하여 식을 만든 다음 어떤 수를 먼저 구해요.

11-1 어떤 수를 4로 나누어야 할 것을 잘못하여 어떤 수에 4를 곱했더니 132가 되었습니다. 바르게 계산한 몫과 나머지를 각각 구해 보세요.

몫 (   )

나머지 (   )

11-2 어떤 수를 6으로 나누어야 할 것을 잘못하여 어떤 수에 6을 곱했더니 498이 되었습니다. 바르게 계산한 몫과 나머지를 각각 구해 보세요.

몫 (   )

나머지 (   )

11-3 어떤 수를 5로 나누어야 할 것을 잘못하여 3으로 나누었더니 몫이 32, 나머지가 1이 되었습니다. 바르게 계산한 몫과 나머지를 각각 구해 보세요.

몫 (   )

나머지 (   )

1회 20번 | 2회 17번 | 3회 20번

유형 12 수 카드를 사용하여 나눗셈 만들기

수 카드 3장을 모두 사용하여 몫이 가장 큰 (몇십몇)÷(몇)의 나눗셈을 만들었습니다. 만든 나눗셈의 몫과 나머지를 각각 구해 보세요.

| 3 | 6 | 7 |

몫 (   )

나머지 (   )

❶Tip 몫이 가장 큰 나눗셈을 만들려면 먼저 나누는 수를 가장 작게 만들고, 나누어지는 수는 남은 수로 가장 크게 만들어야 해요.

12-1 수 카드 4장을 모두 사용하여 몫이 가장 큰 (세 자리 수)÷(한 자리 수)의 나눗셈을 만들었습니다. 만든 나눗셈의 몫과 나머지를 각각 구해 보세요.

| 7 | 2 | 3 | 5 |

몫 (   )

나머지 (   )

12-2 수 카드 4장을 모두 사용하여 몫이 가장 작은 (세 자리 수)÷(한 자리 수)의 나눗셈을 만들었습니다. 만든 나눗셈의 몫과 나머지를 각각 구해 보세요.

| 6 | 4 | 8 | 3 |

몫 (   )

나머지 (   )

3 원

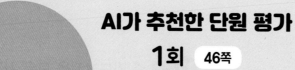

개념 ① 원의 중심, 반지름, 지름

◆ 원의 중심

누름 못

원을 그릴 때에 누름 못이 꽂혔던 점을 원의 중심이라고 합니다.

◆ 원의 반지름, 지름

원의 중심
원의 반지름

원의 지름

원의 중심 o과 원 위의 한 점을 이은 선분을 원의 반지름이라고 하고, 원 위의 두 점을 이은 선분이 원의 중심을 지날 때 이 선분을 원의 [   ](이)라고 합니다.

개념 ② 원의 성질

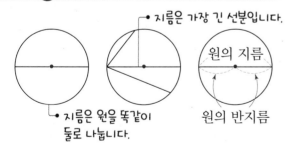
• 지름은 가장 긴 선분입니다.
원의 지름
원의 반지름
• 지름은 원을 똑같이 둘로 나눕니다.

• 지름과 반지름은 무수히 많습니다.
• 지름은 원을 똑같이 둘로 나눕니다.
• 지름은 원 안에 그을 수 있는 가장 긴 선분입니다.
• 한 원에서 지름은 반지름의 [ ]배입니다.

개념 ③ 컴퍼스를 사용하여 원 그리기

◆ 반지름이 1 cm인 원 그리기

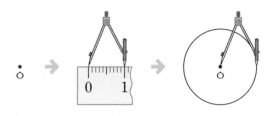

① 원의 중심이 되는 점 o을 정합니다.
② 컴퍼스를 원의 [   ]만큼 벌립니다.
③ 컴퍼스의 침을 점 o에 꽂고 원을 그립니다.

개념 ④ 원을 이용하여 여러 가지 모양 그리기

◆ 원의 중심이 같고, 반지름이 모눈 [ ]칸씩 늘어나는 규칙으로 그리기

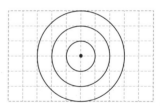

◆ 원의 반지름이 같고, 원의 중심을 모눈 2칸씩 옮겨 가는 규칙으로 그리기

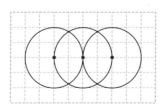

정답 ❶ 지름 ❷ 2 ❸ 반지름 ❹ 1

01 ☐ 안에 알맞은 말을 써넣으세요.

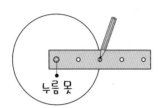

누름 못

위와 같이 원을 그릴 때 누름 못이 꽂혔던 점을 원의 ☐ (이)라고 합니다.

02 원의 반지름은 어느 것인가요? ( )

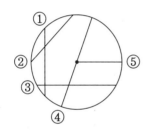

03 오른쪽 시계에서 원의 중심은 빨간색, 원의 반지름은 파란색으로 표시해 보세요.

04 원을 그리는 순서에 맞게 차례대로 기호를 써 보세요.

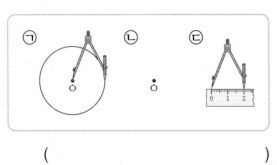

( )

05~06 오른쪽 그림과 같이 모눈 한 칸이 5 mm인 모눈 종이에 원을 그렸습니다. 원을 보고 물음에 답해 보세요.

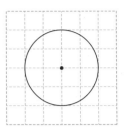

05 원의 지름은 몇 cm인지 구해 보세요.

( )

06 원에 지름을 3개 긋고, 알맞은 말에 ○표 해 보세요.

한 원에서 지름은 길이가 모두 (같습니다 , 다릅니다).

07 반지름이 2 cm인 원을 그려 보세요.

AI가 뽑은 정답률 낮은 문제

08 원의 크기를 비교하여 ○ 안에 >, =, < 를 알맞게 써넣으세요.

58쪽
유형 2

반지름이 7 cm인 원 ○ 지름이 13 cm인 원

09 두 원의 지름의 차는 몇 cm인지 구해 보세요.

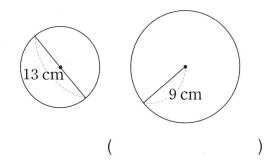

(   )

AI가 뽑은 정답률 낮은 문제
10 🔗59쪽 유형4

10 다음과 같은 모양을 그리기 위해 컴퍼스의 침을 꽂아야 하는 곳을 모두 찾아 •으로 표시해 보세요.

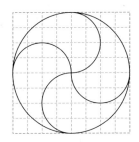

📝서술형

11 원의 지름을 잘못 그은 것입니다. 잘못 그은 이유를 써 보세요.

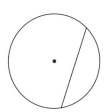

이유▶
_____

_____

_____

AI가 뽑은 정답률 낮은 문제
12 🔗60쪽 유형5

12 규칙에 따라 원을 1개 더 그려 보세요.

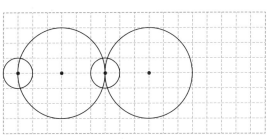

3 단원

13 다음 모양에는 반지름이 서로 다른 원이 모두 몇 가지 있는지 구해 보세요.

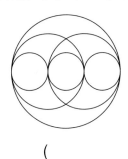

(   )

AI가 뽑은 정답률 낮은 문제
14 🔗59쪽 유형3
📝서술형

14 오륜기는 올림픽에서 사용하는 깃발로 5개의 원으로 이루어져 있습니다. 다음은 진혁이가 오륜기를 보고 따라서 그린 것입니다. 모양의 규칙을 설명해 보세요.

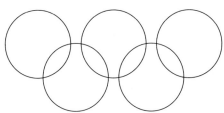

규칙▶
_____

_____

_____

15 큰 원 1개와 크기가 같은 작은 원 2개를 맞닿게 그렸습니다. 큰 원의 지름은 32 cm이고, 작은 원의 지름은 16 cm일 때 세 원의 중심을 이어서 만든 삼각형 ㄱㄴㄷ의 세 변의 길이의 합은 몇 cm인지 구해 보세요.

63쪽 유형10

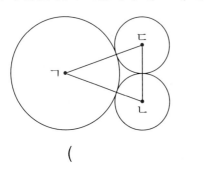

( )

16 크기가 같은 두 원의 겹쳐진 부분에 작은 원을 맞닿게 그렸습니다. 큰 원과 작은 원의 반지름의 차는 몇 cm인지 구해 보세요.

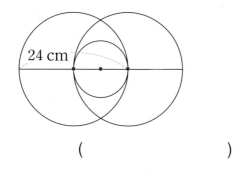

24 cm

( )

17 그림에서 원의 지름은 모두 22 cm입니다. 원을 둘러싼 빨간색 선의 길이는 몇 cm인지 구해 보세요.

62쪽 유형8

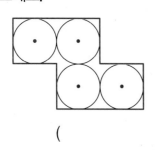

( )

18 바닥의 반지름이 3 cm인 음료수 6캔을 상자에 넣고 위에서 바라보았더니 그림과 같이 꼭 맞았습니다. 상자의 네 변의 길이의 합은 몇 cm인지 구해 보세요.

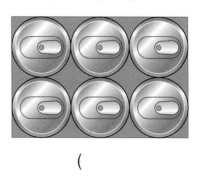

( )

19 직사각형 안에 다음과 같이 겹치지 않게 원을 그리려고 합니다. 원을 몇 개까지 그릴 수 있는지 구해 보세요.

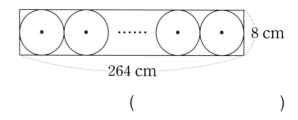

8 cm

264 cm

( )

20 원의 중심을 같게 하고, 반지름을 2 cm씩 늘여 가며 원을 그리고 있습니다. 규칙에 따라 원을 그릴 때 다섯 번째에 그릴 원의 지름은 몇 cm인지 구해 보세요.

60쪽 유형6

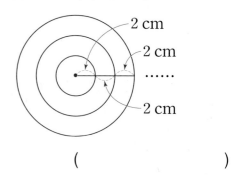

2 cm
2 cm
......
2 cm

( )

01 ☐ 안에 알맞은 말을 써넣으세요.

원의 [   ]

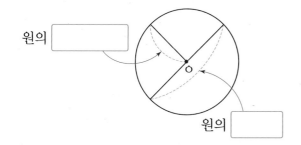

원의 [   ]

02 원의 반지름은 몇 cm인지 구해 보세요.

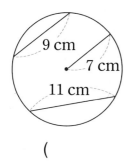

9 cm

7 cm

11 cm

(   )

03 다음과 같이 원을 그릴 때 원의 중심을 알 수 있는 것을 찾아 기호를 써 보세요.

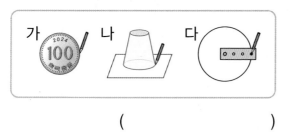

가   나   다

(   )

04 오른쪽 원에 지름을 1개 긋고, 원의 지름은 몇 cm인지 자로 재어 보세요.

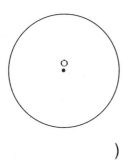

(   )

05 점 ㅇ이 원의 중심일 때 원의 지름을 나타 내는 선분을 모두 찾아 써 보세요.

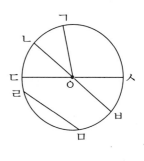

ㄱ
ㄴ
ㄷ
ㄹ
ㅅ
ㅁ
ㅂ

(   )

06 한 원에서 반지름은 몇 개까지 그을 수 있 나요?   (   )

① 0개   ② 1개   ③ 2개

④ 3개   ⑤ 무수히 많습니다.

07 컴퍼스를 사용하여 원을 그리는 방법을 설 명한 것입니다. 순서에 맞게 ☐ 안에 1부 터 차례대로 번호를 써넣으세요.

☐ 컴퍼스를 원의 반지름만큼 벌립 니다.

☐ 원의 중심이 되는 점 ㅇ을 정합 니다.

☐ 컴퍼스의 침을 점 ㅇ에 꽂고 원 을 그립니다.

08 크기가 다른 원을 그린 사람은 누구인지 이름을 써 보세요.

🔗 58쪽
유형 2

> • 지현: 지름이 12 cm인 원
>
> • 병헌: 반지름이 6 cm인 원
>
> • 참별: 컴퍼스를 12 cm만큼 벌려서 그린 원

(   )

09 지름이 20 cm인 원 모양의 색종이를 두 번 접었더니 오른쪽 그림과 같이 되었습니다. ㉠에 알맞은 수는 얼마인지 구해 보세요.

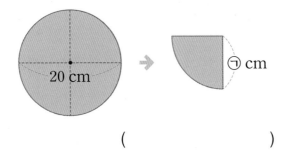

(   )

🖊 서술형

10 오른쪽 모양을 그릴 때 컴퍼스의 침을 꽂은 곳은 모두 몇 군데인지 풀이 과정을 쓰고 답을 구해 보세요.

🔗 59쪽
유형 4

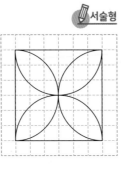

풀이 ▶

_____

_____

_____

답 ▶ _____

11 컴퍼스를 사용하여 지름이 16 cm인 원을 그리려고 합니다. 컴퍼스의 침과 연필심 사이의 거리를 몇 cm만큼 벌려야 하는지 구해 보세요.

(   )

12~13 지은, 경민, 현종이가 각각 원을 이용하여 여러 가지 모양을 그렸습니다. 모양을 보고 물음에 답해 보세요.

지은   경민   현종

12 원의 중심은 같고, 반지름을 다르게 하여 그린 사람은 누구인지 이름을 써 보세요.

(   )

13 원의 중심과 반지름을 모두 다르게 하여 그린 사람은 누구인지 이름을 써 보세요.

(   )

14 직사각형 안에 그릴 수 있는 가장 큰 원의 지름은 몇 cm인지 구해 보세요.

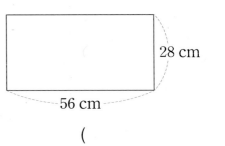

(   )

⚡ AI가 뽑은 정답률 낮은 문제

15
🔗 62쪽
유형 **9**

오른쪽 원에서 삼각형 ㅇㄴㄷ의 세 변의 길이의 합이 30 cm일 때 변 ㄴㄷ의 길이는 몇 cm인지 구해 보세요.

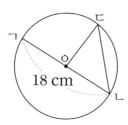

(   )

⚡ AI가 뽑은 정답률 낮은 문제

16
🔗 63쪽
유형 **10**

지름이 28 cm인 원 5개를 겹치지 않게 붙여서 그렸습니다. 원의 중심을 이은 사각형 ㄱㄴㄹㅁ의 네 변의 길이의 합은 몇 cm인지 구해 보세요.

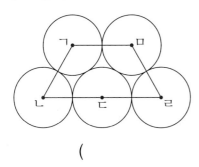

(   )

⚡ AI가 뽑은 정답률 낮은 문제

17
🔗 62쪽
유형 **9**

✏️ 서술형

다음은 컴퍼스의 침과 연필심 사이의 거리를 4 cm만큼 벌려서 그린 것입니다. 선분 ㄱㄴ의 길이는 몇 cm인지 풀이 과정을 쓰고 답을 구해 보세요.

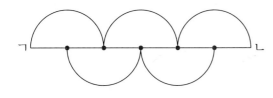

풀이 ▶
_____
_____
_____

답 ▶
_____

18 한 변이 36 cm인 정사각형 안에 원을 가장 크게 그리고, 원 안에 크기가 서로 다른 원을 2개 그렸습니다. ㉠의 길이는 몇 cm인지 구해 보세요.

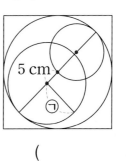

(   )

⚡ AI가 뽑은 정답률 낮은 문제

19
🔗 63쪽
유형 **10**

반지름이 9 cm인 원을 서로 겹치지 않게 그린 다음 바깥쪽에 있는 원의 중심을 이어 삼각형을 만들었습니다. 만든 삼각형의 세 변의 길이의 합은 몇 cm인지 구해 보세요.

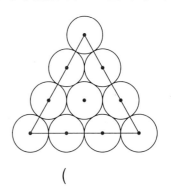

(   )

⚡ AI가 뽑은 정답률 낮은 문제

20
🔗 61쪽
유형 **7**

직사각형의 네 꼭짓점을 각각 원의 중심으로 하여 직사각형 안에 원의 일부분을 그렸습니다. 원 ㉣의 반지름은 몇 cm인지 구해 보세요.

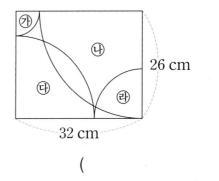

(   )

3 단원

01~03 원을 보고 물음에 답해 보세요.

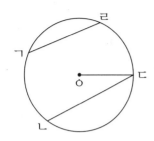

01 원의 중심을 찾아 써 보세요.

( )

02 원의 반지름을 찾아 써 보세요.

( )

03 원의 중심은 몇 개인지 구해 보세요.

( )

04 원의 지름은 몇 cm인지 구해 보세요.

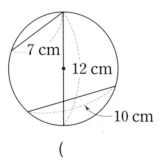

( )

05 ☐ 안에 알맞은 수를 써넣으세요.

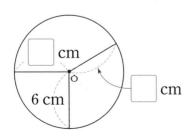

AI가 뽑은 정답률 낮은 문제

06 원 안에 그은 선분 중에서 가장 긴 선분을 찾아 써 보세요.

🔗58쪽
유형 1

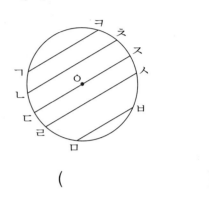

( )

07 주어진 선분을 반지름으로 하는 원을 그려 보세요.

———

∘

AI가 뽑은 정답률 낮은 문제

08 같은 크기의 원끼리 선으로 이어 보세요.

🔗58쪽
유형 2

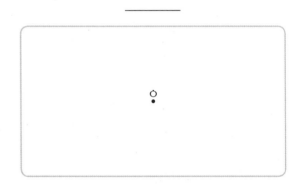

지름이 4 cm인 원	반지름이 4 cm인 원
지름이 6 cm인 원	반지름이 3 cm인 원
지름이 8 cm인 원	반지름이 2 cm인 원

09 현우와 미정이가 그린 두 원의 크기가 같습니다. ☐ 안에 알맞은 수를 써넣으세요.

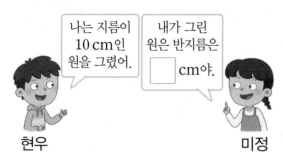

나는 지름이 10 cm인 원을 그렸어.

내가 그린 원은 반지름은 ☐ cm야.

현우   미정

AI가 뽑은 정답률 낮은 문제
10
📎 59쪽
유형 3

원을 그린 규칙에 맞게 알맞은 말에 ◯표 하고, ☐ 안에 알맞은 수를 써넣으세요.

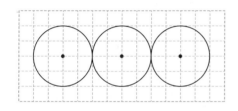

반지름은 (같고 , 다르고), 원의 중심이 모눈 ☐ 칸만큼 오른쪽으로 옮겨 가는 규칙입니다.

✏️서술형

11 컴퍼스를 오른쪽 그림과 같이 벌려서 그린 원의 지름은 몇 cm인지 풀이 과정을 쓰고 답을 구해 보세요.

풀이 ▶

_____

_____

_____

답 ▶

_____

AI가 뽑은 정답률 낮은 문제
12
📎 59쪽
유형 4

똑같은 모양을 그리기 위해 컴퍼스의 침을 꽂아야 할 곳의 수가 많은 것부터 차례대로 기호를 써 보세요.

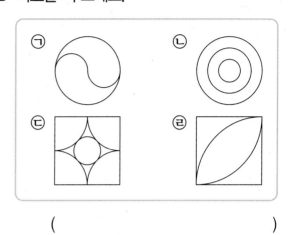

(   )

13 주어진 점을 원의 중심으로 하여 원 3개를 맞닿게 그려 보세요.

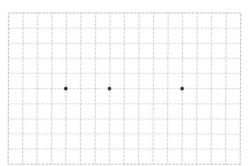

14 누름 못과 띠 종이를 이용하여 원을 그리려고 합니다. 서로 다른 크기의 원을 몇 가지 그릴 수 있는지 구해 보세요.

1 cm   2 cm   3 cm

(   )

3
단원

15 컴퍼스를 사용하여 왼쪽 도형과 똑같은 모양을 오른쪽 직사각형에 그려 보세요.

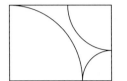 

AI가 뽑은 정답률 낮은 문제

16 원의 지름을 한 변으로 하여 다음과 같이 직사각형 ㄱㄴㄷㄹ을 그렸습니다. 직사각형 ㄱㄴㄷㄹ의 네 변의 길이의 합은 몇 cm인지 구해 보세요.

63쪽 유형10

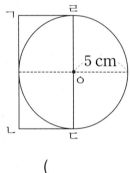

( )

🖊️ 서술형

17 지름이 16 cm인 원 3개를 서로 원의 중심이 겹치도록 그렸습니다. 삼각형 ㄱㄴㄷ의 세 변의 길이의 합은 몇 cm인지 풀이 과정을 쓰고 답을 구해 보세요.

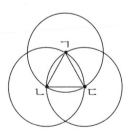

풀이 ▶

_____

_____

_____

답 ▶

_____

AI가 뽑은 정답률 낮은 문제

18 원의 중심을 같게 하고, 반지름을 3 cm씩 늘여 가며 원을 그리고 있습니다. 규칙에 따라 원을 그릴 때 여섯 번째에 그릴 원의 지름은 몇 cm인지 구해 보세요.

60쪽 유형6

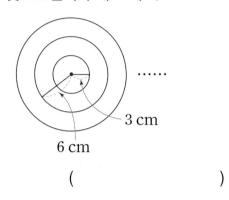

( )

19 직사각형 안에 다음과 같이 원의 중심을 지나도록 원을 그리려고 합니다. 원을 몇 개까지 그릴 수 있는지 구해 보세요.

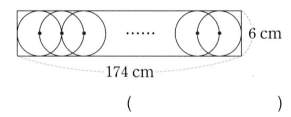

( )

AI가 뽑은 정답률 낮은 문제

20 반지름이 같은 원 3개를 다음과 같이 서로 겹치게 그렸습니다. 원의 반지름은 몇 cm인지 구해 보세요.

61쪽 유형7

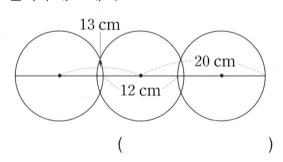

( )

58~63쪽에서 같은 유형의 문제를 더 풀 수 있어요.

01 원의 중심을 찾아 기호를 써 보세요.

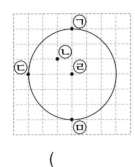

( )

05 선분 ㄱㄴ의 길이는 몇 cm인지 구해 보세요.

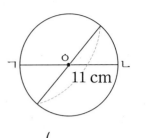

11 cm

( )

02 원의 반지름과 지름을 각각 1개씩 그려 보세요.

반지름	지름
 o 	 o

AI가 뽑은 정답률 낮은 문제

06 58쪽 유형1 원의 지름에 대한 설명으로 옳지 않은 것을 찾아 기호를 써 보세요.

ㄱ 원의 지름은 무수히 많습니다.
ㄴ 한 원에서 지름은 길이가 모두 같습니다.
ㄷ 지름은 원을 똑같이 셋으로 나눕니다.

( )

03~04 원 모양의 색종이를 똑같이 둘로 나누어지도록 방향을 달리 하여 두 번 접었다가 펼쳤습니다. 물음에 답해 보세요.

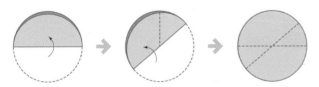

03 접었다가 펼쳤을 때 만들어지는 선분을 무엇이라고 하는지 써 보세요.

( )

07 오른쪽 원의 반지름은 몇 cm인지 구해 보세요.

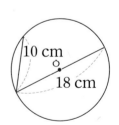

10 cm
18 cm

( )

04 두 선분이 만나는 점을 무엇이라고 하는지 써 보세요.

( )

08 자와 컴퍼스를 사용하여 나침반과 크기가 같은 원을 그려 보세요.

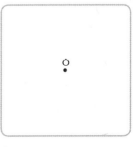

o

09 누름 못과 띠 종이를 이용하여 원을 그리려고 합니다. 가장 큰 원을 그리려면 어느 구멍에 연필을 넣고 그려야 하는지 기호를 써 보세요.

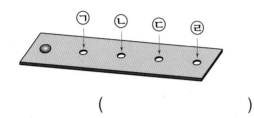

(   )

10 주어진 모양과 똑같이 그려 보세요.

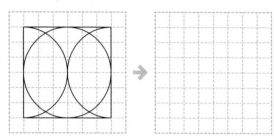

🖊 서술형

11 원에 그은 반지름을 자로 모두 재어 보고, 알 수 있는 점을 써 보세요.

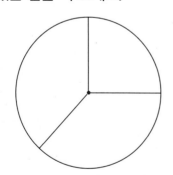

답▶

_____

_____

_____

AI가 뽑은 정답률 낮은 문제

12 모눈종이 위에 반지름을 모눈 1칸씩 늘여 가며 맞닿게 원을 2개 더 그려 보세요.

📎 60쪽
유형 5

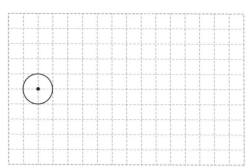

13 빨간색 점을 원의 중심으로 하여 원의 일부분을 그린 다음 색칠해서 태극기를 완성해 보세요.

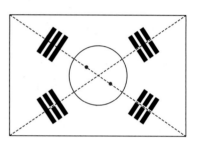

AI가 뽑은 정답률 낮은 문제

14 한 변이 12 cm인 정사각형 안에 가장 큰 원을 그렸습니다. ㉠의 길이는 몇 cm인지 구해 보세요.

📎 62쪽
유형 9

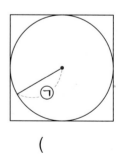

(   )

62쪽
유형 8

15 그림에서 원의 지름은 모두 14 cm입니다. 원을 둘러싼 빨간색 선의 길이는 몇 cm인지 구해 보세요.

AI가 뽑은 정답률 낮은 문제

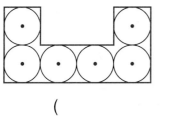

( )

AI가 뽑은 정답률 낮은 문제

61쪽
유형 7

16 큰 원 안에 크기가 같은 원 4개를 맞닿게 그렸습니다. 큰 원의 지름이 32 cm일 때 작은 원의 반지름은 몇 cm인지 구해 보세요.

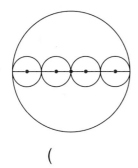

( )

17 크기가 같은 원 6개를 원의 중심이 서로 겹치도록 그렸습니다. 원의 중심을 이어서 만든 빨간색 도형의 여섯 변의 길이의 합이 48 cm일 때 원의 지름은 몇 cm인지 구해 보세요.

( )

18 직사각형 안에 지름이 8 cm인 원 6개를 원의 중심이 서로 겹치도록 그렸더니 꼭 맞게 겹쳐졌습니다. 직사각형의 네 변의 길이의 합은 몇 cm인지 구해 보세요.

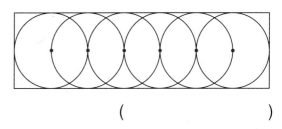

( )

19~20 일정한 규칙으로 원을 그렸습니다. 물음에 답해 보세요.

3 cm
3 cm

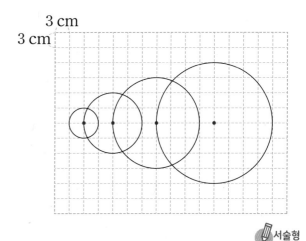

서술형

19 원을 그린 규칙을 설명해 보세요.

규칙 ▶

_____

_____

_____

AI가 뽑은 정답률 낮은 문제

60쪽
유형 6

20 규칙에 따라 원을 그릴 때 일곱 번째에 그릴 원의 지름은 몇 cm인지 구해 보세요.

( )

3 단원

3단원 틀린 유형 다시 보기

유형 1 원의 성질 이해하기

🔗 3회 6번 🔗 4회 6번

오른쪽 원에서 길이
가 가장 긴 선분을
찾아 써 보세요.

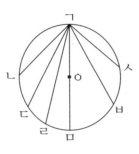

(   )

❶Tip 원 위의 두 점을 이은 선분 중에서 길이가
가장 긴 선분은 지름이에요.

1-1 알맞은 말에 ○표 해 보세요.

> 원을 똑같이 둘로 나누는 것은
> 원의 (중심 , 지름 , 반지름)입니다.

1-2 원의 중심에 대해 잘못 설명한 것을 모
두 찾아 기호를 써 보세요.

> ㉠ 원을 그릴 때에 누름 못이 꽂혔던 점입
> 니다.
> ㉡ 원을 그릴 때에 연필이 꽂혔던 점입니다.
> ㉢ 한 원에서 원의 중심은 1개입니다.
> ㉣ 한 원에서 원의 중심은 무수히 많습니다.

(   )

1-3 원의 지름이 반지름의 2배인 이유를
설명해 보세요.

이유 ▶
_____

_____

유형 2 원의 크기 비교하기

🔗 1회 8번 🔗 2회 8번 🔗 3회 8번

원의 크기를 비교하여 ○ 안에 >, =, <
를 알맞게 써넣으세요.

| 반지름이
10 cm인 원 | ○ | 지름이
20 cm인 원 |

❶Tip 지름으로 길이를 통일하여 비교해요.

2-1 더 작은 원을 그린 사람은 누구인지 이
름을 써 보세요.

> • 시현: 지름이 6 cm인 원을 그렸어.
> • 성윤: 반지름이 4 cm인 원을 그렸어.

(   )

2-2 가장 큰 원은 어느 것인가요?(   )

① 지름이 5 cm인 원
② 반지름이 6 cm인 원
③ 지름이 7 cm인 원
④ 반지름이 8 cm인 원
⑤ 지름이 9 cm인 원

2-3 원이 작은 것부터 차례대로 기호를 써
보세요.

> ㉠ 지름이 5 cm인 원
> ㉡ 반지름이 4 cm인 원
> ㉢ 지름이 3 cm인 원
> ㉣ 컴퍼스를 2 cm만큼 벌려서 그린 원

(   )

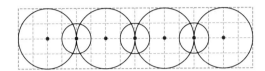 **모양을 그린 규칙 알아보기**

원을 그린 규칙을 바르게 설명한 사람은 누구인지 이름을 써 보세요.

- 선미: 원의 중심을 오른쪽으로 2칸씩 옮겼어.
- 진우: 지름이 모눈 2칸인 원과 1칸인 원이 반복돼.

(   )

❶**Tip** 원의 중심의 이동과 반지름의 변화를 비교하여 규칙을 알아봐요.

3-1 원을 그린 규칙에 맞게 ☐ 안에 알맞은 수를 써넣으세요.

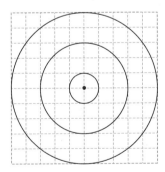

원의 중심은 같고, 반지름을 모눈 ☐칸만큼씩 늘여서 그린 규칙입니다.

3-2 원을 그린 규칙을 설명해 보세요.

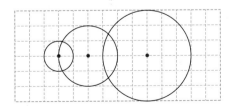

규칙 ▶

_____

_____

유형 **4** **컴퍼스의 침을 꽂아야 하는 곳 찾기**

다음과 같은 모양을 그리기 위해 컴퍼스의 침을 꽂아야 하는 곳을 모두 찾아 ·으로 표시해 보세요.

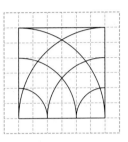

❶**Tip** 컴퍼스의 침을 꽂아야 하는 곳은 원의 중심이에요.

4-1 다음과 같은 모양을 그리기 위해 컴퍼스의 침을 꽂아야 하는 곳을 모두 찾아 ·으로 표시해 보세요.

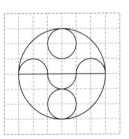

4-2 각 모양을 그리기 위해 컴퍼스의 침을 꽂아야 할 곳이 다른 하나를 찾아 ○표 해 보세요.

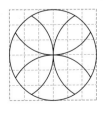   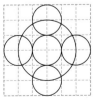   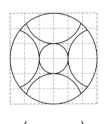

(   )   (   )   (   )

🔗 1회 12번 🔗 4회 12번

유형 5 **규칙에 따라 원 그리기**

규칙에 따라 원을 1개 더 그려 보세요.

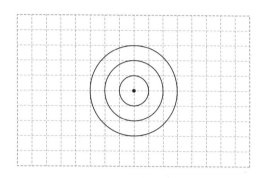

❶Tip 원의 중심과 반지름을 비교해 보며 먼저 원을 그린 규칙을 찾아요.

5-1 규칙에 따라 원을 1개 더 그려 보세요.

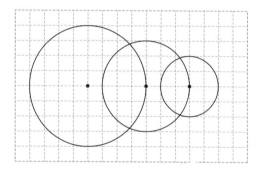

5-2 규칙에 따라 원을 2개 더 그려 보세요.

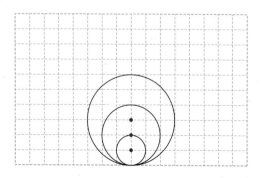

🔗 1회 20번 🔗 3회 18번 🔗 4회 20번

유형 6 **원의 지름 구하기**

점 ㅇ은 원의 중심이고, 삼각형 ㅇㄱㄴ의 세 변의 길이의 합은 14 cm입니다. 원의 지름은 몇 cm인지 구해 보세요.

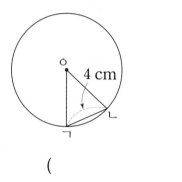

(   )

❶Tip 원의 지름은 반지름의 2배예요.

6-1 원의 중심이 같고 크기가 다른 두 원을 그렸습니다. 큰 원의 지름은 몇 cm인지 구해 보세요.

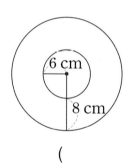

(   )

6-2 큰 원 안에 크기가 같은 작은 원 3개를 맞닿게 그렸습니다. 작은 원의 반지름이 7 cm일 때 큰 원의 지름은 몇 cm인지 구해 보세요.

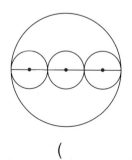

(   )

6 -3 처음 원의 반지름을 1 cm로 하고, 반지름을 2배로 늘여 가며 원을 그리고 있습니다. 규칙에 따라 원을 그릴 때 여섯 번째에 그릴 원의 지름은 몇 cm인지 구해 보세요.

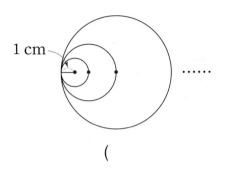

1 cm

(   )

유형 7 `2회 20번` `3회 20번` `4회 16번`
원의 반지름 구하기

큰 원의 지름이 36 cm일 때 작은 원의 반지름은 몇 cm인지 구해 보세요.

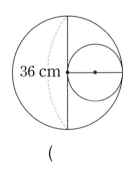

36 cm

(   )

⊕Tip 원의 반지름은 지름의 반이에요.

7 -1 큰 원 안에 크기가 같은 작은 원 4개를 맞닿게 그렸습니다. 큰 원의 지름이 64 cm일 때 작은 원의 반지름은 몇 cm인지 구해 보세요.

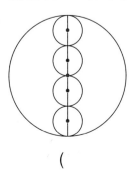

(   )

7 -2 도형에서 선분 ㄱㄴ의 길이는 58 cm입니다. 가장 작은 원의 반지름은 몇 cm인지 구해 보세요.

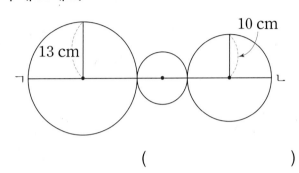

13 cm   10 cm

(   )

7 -3 큰 원 안에 크기가 서로 다른 원 2개를 맞닿게 그렸습니다. 가장 큰 원의 반지름은 몇 cm인지 구해 보세요.

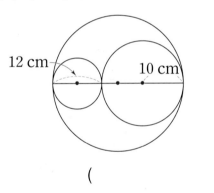

12 cm   10 cm

(   )

7 -4 삼각형 ㄱㄴㄷ의 세 변의 길이의 합이 40 cm일 때 작은 원의 반지름은 몇 cm인지 구해 보세요.

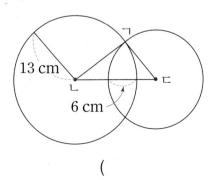

13 cm   6 cm

(   )

⚓ 1회 17번 ⚓ 4회 15번

유형 8 **원을 둘러싼 선의 길이 구하기**

그림에서 원의 지름은 모두 4 cm입니다. 원을 둘러싼 빨간색 선의 길이는 몇 cm인지 구해 보세요.

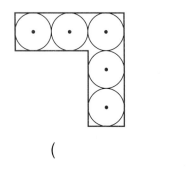

(   )

❶Tip 빨간색 선의 길이가 원의 지름의 몇 배인지 생각해요.

8 -1 그림에서 원의 지름은 모두 6 cm입니다. 원을 둘러싼 빨간색 선의 길이는 몇 cm인지 구해 보세요.

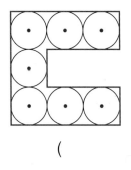

(   )

8 -2 그림에서 원의 반지름은 모두 5 cm입니다. 원을 둘러싼 빨간색 선의 길이는 몇 cm인지 구해 보세요.

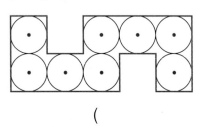

(   )

⚓ 2회 15, 17번 ⚓ 4회 14번

유형 9 **선분의 길이 구하기**

반지름이 8 cm인 원 5개를 다음과 같이 원의 중심을 지나도록 서로 겹쳐서 그렸습니다. 선분 ㄱㄴ의 길이는 몇 cm인지 구해 보세요.

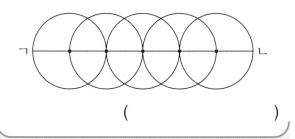

(   )

❶Tip 선분 ㄱㄴ의 길이와 반지름의 관계를 생각해요.

9 -1 정사각형 안에 점 ㄴ, 점 ㄷ, 점 ㄹ을 각각 원의 중심으로 하여 원의 일부분을 그렸습니다. 선분 ㄱㄷ과 선분 ㄷㅁ의 길이가 같을 때 선분 ㄱㄹ의 길이는 몇 cm인지 구해 보세요.

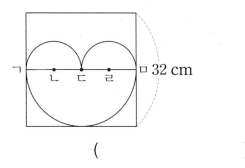

(   )

9 -2 점 ㄱ, 점 ㄴ, 점 ㄷ은 각각 원의 중심입니다. 선분 ㄱㄷ의 길이는 몇 cm인지 구해 보세요.

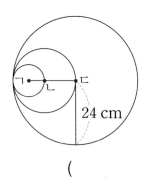

(   )

9-3 한 변이 2 cm인 노란색 정사각형의 네 꼭짓점을 각각 원의 중심으로 하여 규칙에 따라 원의 일부분을 그렸습니다. 선분 ㄱㄴ의 길이는 몇 cm인지 구해 보세요.

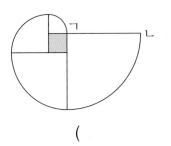

(   )

유형 10 | 1회 15번 | 2회 16, 19번 | 3회 16번 |
도형의 변의 길이의 합 구하기

반지름이 7 cm인 원 3개를 맞닿게 그렸습니다. 원의 중심을 이어서 만든 삼각형 ㄱㄴㄷ의 세 변의 길이의 합은 몇 cm인지 구해 보세요.

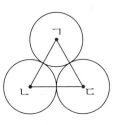

(   )

❶Tip 삼각형의 세 변의 길이가 각각 원의 반지름의 길이와 어떤 관계인지 생각해요.

10-1 점 ㄱ, 점 ㄴ, 점 ㄷ은 각각 원의 중심입니다. 삼각형 ㄱㄴㄷ의 세 변의 길이의 합은 몇 cm인지 구해 보세요.

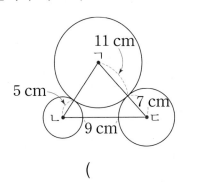

(   )

10-2 작은 원의 지름은 22 cm이고, 큰 원의 지름은 작은 원의 지름의 2배입니다. 사각형 ㄱㄴㄷㄹ의 네 변의 길이의 합은 몇 cm인지 구해 보세요.

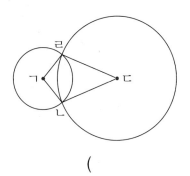

(   )

10-3 크기가 서로 다른 원 4개를 양옆의 원끼리 맞닿게 그렸습니다. 원의 중심을 이어서 만든 사각형 ㄱㄴㄷㄹ의 네 변의 길이의 합은 몇 cm인지 구해 보세요.

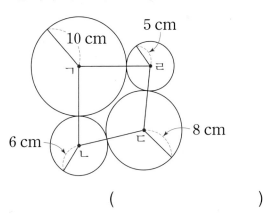

(   )

10-4 직사각형 안에 크기가 같은 원 2개의 일부분을 그렸습니다. 직사각형의 네 변의 길이의 합은 몇 cm인지 구해 보세요.

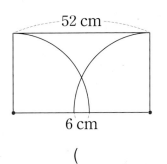

(   )

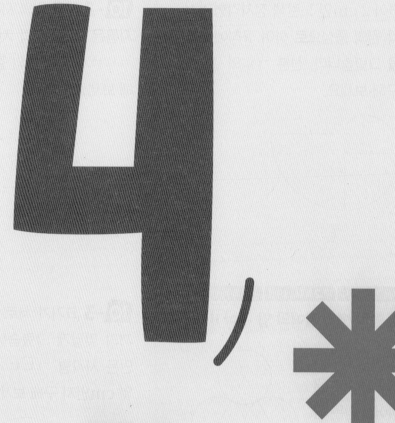

4

분수

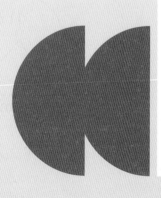

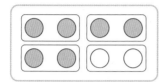

4단원

분수

개념 1 분수로 나타내기

◆부분은 전체의 얼마인지 분수로 나타내기

색칠한 부분은 전체 4묶음 중에서

☐묶음이므로 전체의 $\frac{3}{4}$입니다.

개념 2 분수만큼은 얼마인지 알아보기

9를 3묶음으로 나누면 한 묶음이 3이므로

9의 $\frac{2}{3}$는 ☐입니다.

개념 3 진분수, 가분수, 자연수

• $\frac{1}{3}$, $\frac{2}{3}$와 같이 분자가 분모보다 작은 분수를 진분수라고 합니다.

• $\frac{3}{3}$, $\frac{4}{3}$와 같이 분자가 분모와 같거나 분모보다 큰 분수를 가분수라고 합니다.

• $\frac{3}{3}$은 ☐와/과 같고, 1, 2와 같은 수를 자연수라고 합니다.

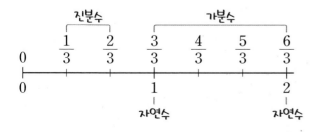

개념 4 대분수

◆대분수

• 1과 $\frac{2}{3}$를 $1\frac{2}{3}$라 쓰고 1과 3분의 2라고 읽습니다.

• $1\frac{2}{3}$와 같이 자연수와 진분수로 이루어진 분수를 ☐(이)라고 합니다.

◆대분수를 가분수로, 가분수를 대분수로 나타내기

• $1\frac{1}{4}$ → 1과 $\frac{1}{4}$ → $\frac{4}{4}$와 $\frac{1}{4}$ → $\frac{5}{4}$

• $\frac{5}{4}$ → $\frac{4}{4}$와 $\frac{1}{4}$ → 1과 $\frac{1}{4}$ → $1\frac{1}{4}$

개념 5 분모가 같은 분수의 크기 비교

◆분모가 같은 가분수의 크기 비교

분자가 클수록 더 큰 분수입니다.

$$\frac{3}{2}<\frac{7}{2}, \ \frac{6}{5}<\frac{8}{5}$$

◆분모가 같은 대분수의 크기 비교

자연수가 큰 분수가 더 큰 분수이고, 자연수가 같으면 ☐이/가 큰 분수가 더 큰 분수입니다.

$$3\frac{1}{4}>2\frac{3}{4}, \ 1\frac{5}{6}>1\frac{1}{6}$$

◆분모가 같은 대분수와 가분수의 크기 비교

대분수 또는 가분수로 통일하여 두 분수의 크기를 비교합니다.

$$\left(5\frac{1}{3}, \ \frac{17}{3}\right) \to \left(\frac{16}{3}<\frac{17}{3}\right) \to 5\frac{1}{3}<\frac{17}{3}$$

정답 ❶3 ❷6 ❸1 ❹대분수 ❺분자

🔗78~83쪽에서 같은 유형의 문제를 더 풀 수 있어요.

점수

01 ☐ 안에 알맞은 수를 써넣으세요.

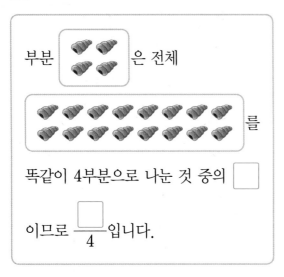

부분 ◀◀ 은 전체

를

똑같이 4부분으로 나눈 것 중의 ☐

이므로 $\dfrac{\square}{4}$ 입니다.

02 ☐ 안에 알맞은 말을 써넣으세요.

$\dfrac{2}{2}$, $\dfrac{3}{2}$, $\dfrac{4}{3}$ 와 같이 분자가 분모와 같거나 분모보다 큰 분수를

☐ (이)라고 합니다.

03~04 그림을 보고 ☐ 안에 알맞은 분수를 써넣으세요.

03 3은 9의 $\dfrac{\square}{\ }$ 입니다.

04 6은 9의 $\dfrac{\square}{\ }$ 입니다.

AI가 뽑은 정답률 낮은 문제

05 화살표(⬇)가 가리키는 수는 얼마인지 대분수로 나타내어 보세요.

🔗78쪽
유형 1

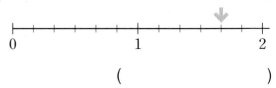

( )

06 그림을 보고 대분수를 가분수로 나타내어 보세요.

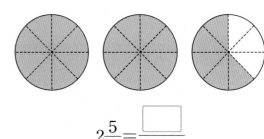

$$2\dfrac{5}{8} = \dfrac{\square}{\square}$$

07 오른쪽 분수가 진분수일 때 ☐ 안에 들어갈 수 없는 수는 어느 것인가요? ( )

$\dfrac{\square}{5}$

① 1   ② 2   ③ 3
④ 4   ⑤ 5

08 분수만큼 색칠하고, 두 분수의 크기를 비교하여 ◯ 안에 >, =, <를 알맞게 써넣으세요.

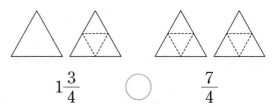

$1\dfrac{3}{4}$ ◯ $\dfrac{7}{4}$

66

09 크기가 다른 분수 하나를 찾아 기호를 써 보세요.

$$\bigcirc\ 3\frac{1}{3} \qquad \bigcirc\ \frac{7}{3} \qquad \bigcirc\ \frac{10}{3}$$

(   )

10 분수의 크기 비교를 바르게 한 사람을 찾아 이름을 써 보세요.

지영	민수	현정
$\frac{1}{2} > \frac{3}{2}$	$4\frac{2}{7} < 3\frac{4}{7}$	$\frac{13}{10} > 1\frac{1}{10}$

(   )

✏️서술형

11 리본을 은지는 $\frac{8}{5}$ m, 석재는 $\frac{7}{5}$ m 가지고 있습니다. 더 긴 리본을 가지고 있는 사람은 누구인지 풀이 과정을 쓰고 답을 구해 보세요.

풀이 ▶

_____

_____

_____

답 ▶

_____

12 두부를 그림과 같이 똑같은 모양으로 자른 후 5조각을 먹었습니다. 먹고 남은 두부는 전체의 얼마인지 분수로 나타내어 보세요.

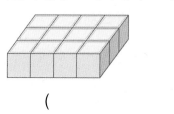

(   )

13 분모가 11인 가분수 중에서 분자가 가장 작은 수를 써 보세요.

(   )

⚡ AI가 뽑은 정답률 낮은 문제

14 떡 24개 중에서 전체의 $\frac{4}{6}$를 친구들과 함께 나누어 먹었습니다. 친구들과 나누어 먹은 떡과 남은 떡은 각각 몇 개인지 구해 보세요.

📎80쪽
유형5

나누어 먹은 떡의 수 (   )

남은 떡의 수 (   )

15 진우는 배추흰나비 애벌레를 키우면서 관찰 일기를 썼습니다. 애벌레의 몸길이를 잰 표를 보고 날짜가 빠른 것부터 차례대로 기호를 써 보세요.

날짜(일)	㉠	㉡	㉢
몸길이(cm)	$2\frac{1}{8}$	$1\frac{7}{8}$	$1\frac{3}{8}$

( )

16 성현이는 길이가 36 m인 고무줄을 유정이와 둘이서 똑같이 나누어 가진 후 그중 $\frac{2}{9}$를 놀이를 하는 데 사용했습니다. 성현이가 놀이를 하는 데 사용한 고무줄의 길이는 몇 m인지 구해 보세요.

( )

17 AI가 뽑은 정답률 낮은 문제
📎80쪽 유형6
수 카드 3장을 모두 사용하여 만들 수 있는 대분수를 모두 구해 보세요.

3 7 8

( )

18 AI가 뽑은 정답률 낮은 문제 🖉서술형
📎83쪽 유형10
어떤 수의 $\frac{3}{4}$은 12입니다. 그림을 보고 어떤 수는 얼마인지 풀이 과정을 쓰고 답을 구해 보세요.

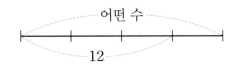

풀이▶ _____

_____

_____

답▶ _____

19 AI가 뽑은 정답률 낮은 문제
📎82쪽 유형9
조건에 맞는 분수를 구해 보세요.

조건
• 진분수입니다.
• 분모와 분자의 합이 9입니다.
• 분모와 분자의 차가 5입니다.

( )

20 현석이는 일정한 빠르기로 산책로를 걷고 있습니다. 산책로를 걷기 시작하고 30분이 지난 뒤 표지판을 보니 전체 거리의 $\frac{2}{5}$가 남았습니다. 산책로를 모두 걸으려면 앞으로 몇 분 더 걸리는지 구해 보세요.

( )

01 다음 분수를 읽어 보세요.

$$1\frac{4}{5}$$

(   )

02 그림을 보고 ☐ 안에 알맞은 수를 써넣으세요.

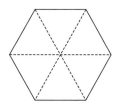

8의 $\frac{1}{4}$ 은 ☐ 입니다.

03 전체의 $\frac{5}{6}$ 만큼 색칠해 보세요.

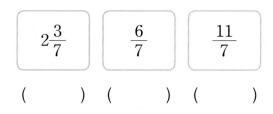

04 진분수는 '진', 가분수는 '가', 대분수는 '대'를 써 보세요.

$$2\frac{3}{7} \qquad \frac{6}{7} \qquad \frac{11}{7}$$

(   ) (   ) (   )

05 색칠한 부분을 분수로 나타낸 것을 찾아 선으로 이어 보세요.

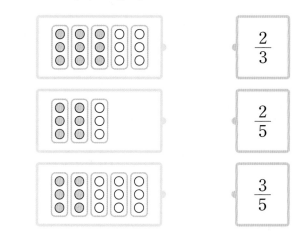

$$\frac{2}{3}$$

$$\frac{2}{5}$$

$$\frac{3}{5}$$

AI가 뽑은 정답률 낮은 문제

06 자연수 1과 같은 분수를 모두 고르세요.

🔗 78쪽
유형 2

(   )

① $\frac{2}{3}$ ② $\frac{3}{3}$ ③ $\frac{4}{3}$

④ $\frac{4}{4}$ ⑤ $\frac{5}{4}$

07 $\frac{5}{2}$ 와 $\frac{7}{2}$ 을 수직선에 나타내고, 두 분수의 크기를 비교하여 ◯ 안에 >, =, <를 알맞게 써넣으세요.

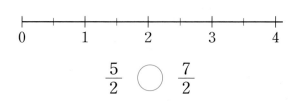

$$\frac{5}{2} \bigcirc \frac{7}{2}$$

08 대분수는 가분수로, 가분수는 대분수로 나타내어 보세요.

$$4\frac{1}{2} \Rightarrow (\qquad\qquad)$$

$$\frac{19}{6} \Rightarrow (\qquad\qquad)$$

12 분수를 큰 것부터 차례대로 써 보세요.

$$\frac{10}{8} \qquad \frac{9}{8} \qquad 1\frac{3}{8}$$

(   )

서술형

09 $1\frac{3}{2}$이 대분수가 아닌 이유를 써 보세요.

이유 ▶

_____

_____

_____

AI가 **뽑은** 정답률 낮은 **문제**

13 서현이는 테이프 81 m 중에서 $\frac{5}{9}$를 사용
했습니다. 서현이가 사용하고 남은 테이프
는 몇 m인지 구해 보세요.

@ 80쪽
유형 5

(   )

10 $\frac{1}{5}$ cm는 몇 mm인지 구해 보세요.

(   )

14 딸기 56개 중에서 경진이는 전체의 $\frac{1}{4}$을
먹고, 수연이는 전체의 $\frac{2}{7}$를 먹었습니다.
경진이와 수연이 중에서 누가 딸기를 몇 개
더 많이 먹었는지 구해 보세요.

(,   )

AI가 **뽑은** 정답률 낮은 **문제**

11 재호네 반의 남학생은 9명, 여학생은 10명
입니다. 재호네 반의 남학생은 재호네 반
전체 학생의 얼마인지 분수로 나타내어 보
세요.

@ 79쪽
유형 3

(   )

15 지우는 이번 주에 국어, 수학, 과학을 공부했습니다. 국어를 $3\dfrac{5}{6}$ 시간, 수학을 $4\dfrac{2}{6}$ 시간, 과학을 $4\dfrac{1}{6}$ 시간 동안 했다면 지우가 이번 주에 가장 오래 공부한 과목은 무엇인지 구해 보세요.

(   )

AI가 뽑은 정답률 낮은 **문제**

16 ☐ 안에 들어갈 수 있는 자연수 중에서 가장 큰 수를 구해 보세요.

81쪽 유형 7

$$\dfrac{\square}{7} < 2\dfrac{2}{7}$$

(   )

17 감귤 4개로 감귤주스 한 잔을 만들 수 있습니다. 어느 가게에서 감귤주스를 판매하기 위해 감귤을 84개 산 다음 한 묶음에 4개씩 묶었습니다. 감귤주스를 만들고 남은 감귤이 7묶음이라면 감귤주스를 만드는 데 사용한 감귤은 산 감귤의 얼마인지 분수로 나타내어 보세요.

(   )

18 자연수가 3이고, 분모가 4인 대분수가 있습니다. 이 대분수를 모두 가분수로 나타내어 보세요.

(   )

AI가 뽑은 정답률 낮은 **문제**   서술형

19 떨어뜨린 높이의 $\dfrac{1}{3}$ 만큼 튀어 오르는 공이 있습니다. 이 공을 72 m 높이에서 떨어뜨렸을 때 두 번째로 튀어 오른 공의 높이는 몇 m인지 풀이 과정을 쓰고 답을 구해 보세요.

82쪽 유형 8

풀이

_____

_____

_____

답

_____

20 규칙에 따라 다음과 같이 분수를 늘어놓았습니다. 일곱 번째에 놓이는 분수를 대분수로 나타내어 보세요.

$$\dfrac{3}{2}, \ \dfrac{7}{3}, \ \dfrac{11}{4}, \ \dfrac{15}{5} \cdots\cdots$$

(   )

4 단원

점수

∂ 78~83쪽에서 같은 유형의 문제를 더 풀 수 있어요.

01~02 그림을 보고 ☐ 안에 알맞은 수를 써넣으세요.

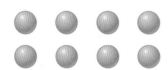

01 8의 $\frac{1}{2}$은 ☐입니다.

02 8의 $\frac{1}{4}$은 ☐입니다.

03 색칠한 부분을 분수로 나타내어 보세요.

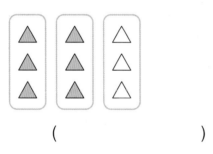

(   )

04 가분수를 모두 찾아 써 보세요.

$$\frac{5}{7} \qquad \frac{6}{7} \qquad \frac{7}{7} \qquad \frac{8}{7} \qquad 1\frac{2}{7}$$

(   )

05 ☐ 안에 알맞은 분수를 써넣으세요.

24를 4씩 묶으면 20은 24의 ☐ 입니다.

06 다음은 대분수입니다. ☐ 안에 들어갈 수 있는 수에 모두 ○표 해 보세요.

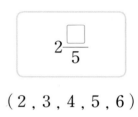

(2 , 3 , 4 , 5 , 6)

07 다음 수를 대분수로 나타내어 보세요.

$\frac{1}{8}$이 15개인 수

(   )

08 분수의 크기를 비교하여 ○ 안에 >, =, <를 알맞게 써넣으세요.

$$\frac{13}{9} \bigcirc \frac{16}{9}$$

09 ☐ 안에 들어갈 수 없는 분수는 어느 것인 가요? (　　　)

> 16은 48의 ☐입니다.

① $\dfrac{1}{3}$　② $\dfrac{2}{6}$　③ $\dfrac{3}{8}$

④ $\dfrac{4}{12}$　⑤ $\dfrac{8}{24}$

10 나타내는 수가 다른 하나를 찾아 기호를 써 보세요.

> ㉠ 12의 $\dfrac{2}{4}$　㉡ 10의 $\dfrac{3}{5}$
>
> ㉢ 30의 $\dfrac{1}{6}$　㉣ 42의 $\dfrac{1}{7}$

(　　　)

AI가 뽑은 정답률 낮은 문제 서술형

11 자연수 3과 같은 가분수 중에서 분모가 4인 분수를 구하려고 합니다. 그림을 이용하여 풀이 과정을 쓰고 답을 구해 보세요.

78쪽
유형 2

풀이 ▶ _____

_____

_____

답 ▶ _____

12 학교와 서점 중 현우네 집에서 더 가까운 장소는 어디인지 써 보세요.

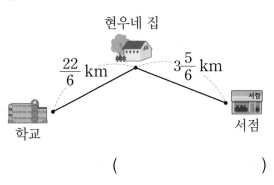

(　　　)

13 태준이가 친구에게 준 구슬은 전체의 얼마 인지 분수로 나타내어 보세요.

> 구슬 45개를 한 봉지에 5개씩 나누어 담아 두 봉지를 줬어.

태준

(　　　)

14 지희는 주황색 색종이 21장의 $\dfrac{3}{7}$만큼, 보라색 색종이 12장의 $\dfrac{2}{3}$만큼을 사용하여 작품을 만들었습니다. 지희가 작품을 만드는 데 더 많이 사용한 색종이는 무슨 색이고, 몇 장 더 사용했는지 구해 보세요.

(　　　,　　　)

15

📎80쪽 유형6

수 카드 3장 중에서 2장을 골라 만들 수 있는 진분수를 모두 구해 보세요.

| 2 | 5 | 8 |

(   )

18 ♥에 알맞은 수를 구해 보세요.

$$5\frac{1}{♥}=\frac{31}{♥}$$

(   )

16

📎82쪽 유형8

떨어뜨린 높이의 $\frac{1}{2}$만큼 튀어 오르는 공이 있습니다. 이 공을 60 m 높이에서 떨어뜨렸을 때 두 번째로 튀어 오른 공의 높이는 몇 m인지 구해 보세요.

(   )

19

📎82쪽 유형9

조건에 맞는 분수를 구해 보세요.

조건
• 가분수입니다.
• 분모와 분자의 합은 13입니다.
• 분모와 분자의 차는 1입니다.

(   )

17 ✏️서술형

📎81쪽 유형7

☐ 안에 들어갈 수 있는 자연수는 모두 몇 개인지 풀이 과정을 쓰고 답을 구해 보세요.

$$\frac{12}{11}<1\frac{\square}{11}<1\frac{6}{11}$$

풀이▶
_____

_____

_____

답▶
_____

20 진우는 소설책을 읽고 있습니다. 첫째 날은 전체의 $\frac{1}{6}$을 읽었고, 둘째 날은 나머지의 $\frac{1}{5}$을 읽었습니다. 48쪽이 남았다면 진우가 읽는 소설책의 전체 쪽수는 몇 쪽인지 구해 보세요.

(   )

01 그림을 보고 ☐ 안에 알맞은 수를 써넣으세요.

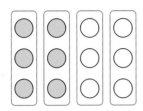

색칠한 부분은 전체 4묶음 중에서

☐ 묶음이므로 전체의 $\dfrac{\square}{4}$ 입니다.

02 수직선에서 ☐ 안에 알맞은 수를 써넣으세요.

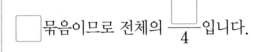

03~04 그림을 보고 ☐ 안에 알맞은 수를 써넣으세요.

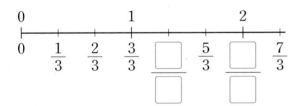

03 15 cm의 $\dfrac{1}{5}$은 ☐ cm입니다.

04 15 cm의 $\dfrac{3}{5}$은 ☐ cm입니다.

05 색칠한 부분이 전체의 $\dfrac{3}{10}$인 것을 모두 찾아보세요.

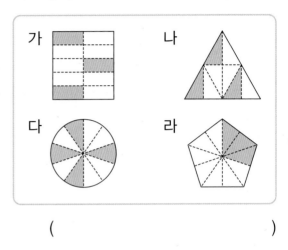

(   )

06 빈칸에 두 분수 중에서 더 큰 분수를 써넣으세요.

$$4\dfrac{5}{9} \qquad 6\dfrac{2}{9}$$

07 대분수를 가분수로 나타낼 때 분자가 가장 큰 분수를 찾아 기호를 써 보세요.

㉠ $4\dfrac{1}{2}$ ㉡ $2\dfrac{2}{3}$ ㉢ $1\dfrac{2}{8}$

(   )

4 단원

08 두 분수의 크기를 비교하여 ○ 안에 >, =, <를 알맞게 써넣으세요.

$\frac{1}{6}$이 18개인 수 ○ $\frac{16}{6}$

09 $5\frac{2}{7}$는 $\frac{1}{7}$이 몇 개인 수인지 구해 보세요.

( )

10 ㉠과 ㉡에 알맞은 수의 합을 구해 보세요.

- 4는 16의 $\frac{㉠}{8}$입니다.
- 4는 14의 $\frac{㉡}{7}$입니다.

( )

AI가 뽑은 정답률 낮은 문제
11
@ 79쪽
유형 3
오늘 미술관에 입장한 사람 수를 조사하여 나타낸 표입니다. 오늘 미술관에 입장한 어린이는 전체 입장객의 얼마인지 분수로 나타내어 보세요.

어린이	청소년	어른
13명	8명	9명

( )

12 두 분수의 크기를 비교하여 더 큰 분수를 위의 빈칸에 써넣으세요.

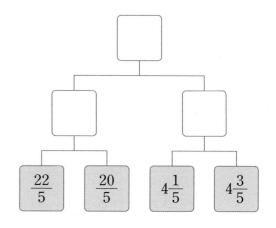

AI가 뽑은 정답률 낮은 문제
13
@ 79쪽
유형 4
연우는 한 시간의 $\frac{1}{4}$만큼 훌라후프를 돌렸습니다. 연우가 훌라후프를 돌린 시간은 몇 분인지 구해 보세요.

( )

서술형

14 연필 96자루를 연필꽂이 한 개에 8자루씩 꽂았습니다. 연필꽂이 2개에 꽂혀 있는 연필은 전체의 얼마인지 분수로 나타내려고 합니다. 풀이 과정을 쓰고 답을 구해 보세요.

풀이 ▶

답 ▶

15 $2\frac{2}{8}$보다 크고 $3\frac{3}{8}$보다 작은 분수를 찾아 써 보세요.

| $1\frac{3}{8}$ | $4\frac{1}{8}$ | $3\frac{2}{8}$ | $2\frac{1}{8}$ |

( )

AI가 뽑은 정답률 낮은 문제

🖉 서술형

16 수 카드 4장 중에서 3장을 골라 분모가 5인 대분수를 모두 만들려고 합니다. 풀이 과정을 쓰고 답을 구해 보세요.

&80쪽 유형6

| 2 | 3 | 5 | 7 |

풀이 ▶ _____

_____

_____

답 ▶ _____

AI가 뽑은 정답률 낮은 문제

17 세영이는 우유를 매일 $\frac{1}{2}$컵씩 마셨습니다. 세영이가 3주일 동안 우유를 마셨다면 모두 몇 컵을 마셨는지 대분수로 나타내어 보세요.

&79쪽 유형4

( )

AI가 뽑은 정답률 낮은 문제

18 1부터 9까지의 자연수 중에서 ☐ 안에 들어갈 수 있는 수를 모두 구해 보세요.

&81쪽 유형7

| $\frac{44}{7} < \boxed{}\frac{4}{7}$ |

( )

4 단원

19 일정하게 물이 나오는 수도로 빈 통에 물을 가득 채우는 데 16시간이 걸립니다. 빈 통에 물을 채우기 시작하여 $\frac{1}{4}$만큼 채웠다면 몇 시간 후에 물을 가득 채울 수 있는지 구해 보세요.

( )

AI가 뽑은 정답률 낮은 문제

20 어떤 수의 $\frac{5}{9}$는 20입니다. 어떤 수의 $\frac{1}{6}$은 얼마인지 구해 보세요.

&83쪽 유형10

( )

🔗 1회 5번

유형 **1** **화살표가 가리키는 수를 분수로 나타내기**

화살표(↓)가 가리키는 수는 얼마인지 대분수로 나타내어 보세요.

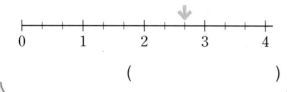

( )

❶ Tip 먼저 눈금 한 칸이 나타내는 크기를 구해요.

1-1 화살표(↓)가 가리키는 수는 얼마인지 가분수로 나타내어 보세요.

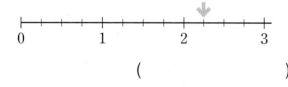

( )

1-2 화살표(↓)가 가리키는 수는 얼마인지 가분수와 대분수로 나타내어 보세요.

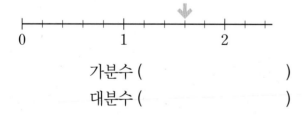

가분수 ( )

대분수 ( )

1-3 화살표(↓)가 가리키는 수는 얼마인지 가분수와 대분수로 나타내어 보세요.

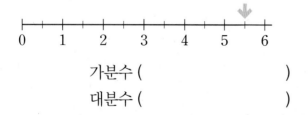

가분수 ( )

대분수 ( )

🔗 2회 6번 🔗 3회 11번

유형 **2** **자연수를 분수로 나타내기**

자연수 1과 크기가 같은 분수를 모두 찾아 보세요.

$$\frac{2}{3} \quad \frac{4}{4} \quad \frac{6}{5} \quad \frac{7}{7} \quad 1\frac{1}{8}$$

( )

❶ Tip 자연수 1을 분모가 ■인 분수로 나타내면 $\frac{■}{■}$예요.

2-1 자연수로 나타낼 수 있는 분수는 어느 것인가요? ( )

① $\frac{5}{2}$ ② $\frac{5}{3}$ ③ $\frac{5}{4}$

④ $\frac{10}{5}$ ⑤ $\frac{10}{7}$

2-2 그림을 보고 자연수 2를 분모가 6인 분수로 나타내어 보세요.

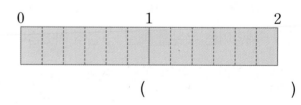

( )

2-3 자연수 4를 분모가 8인 분수로 나타내어 보세요.

( )

🔗 2회 11번 🔗 4회 11번

유형 3 전체의 얼마인지 분수로 나타내기

강훈이네 반에는 안경을 쓴 학생이 7명, 안경을 쓰지 않은 학생이 12명 있습니다. 강훈이네 반의 안경을 쓴 학생은 전체 학생의 얼마인지 분수로 나타내어 보세요.

(   )

❶Tip 전체 학생 수를 분모로, 안경을 쓴 학생 수를 분자로 하여 분수로 나타내요.

3-1 주머니에 파란색 공이 3개, 빨간색 공이 4개, 노란색 공이 5개 있습니다. 주머니에 들어 있는 빨간색 공은 전체 공의 얼마인지 분수로 나타내어 보세요.

(   )

3-2 붕어빵을 36개 만들고 한 봉지에 4개씩 넣어 판매하고 있습니다. 5봉지를 판매했다면 판매한 붕어빵은 전체 붕어빵의 얼마인지 분수로 나타내어 보세요.

(   )

3-3 사과 48개를 한 봉지에 3개씩 넣어 판매하고 있습니다. 3봉지를 판매했다면 판매한 사과는 전체 사과의 얼마인지 분수로 나타내어 보세요.

(   )

🔗 4회 13, 17번

유형 4 시간의 분수만큼은 얼마인지 알아보기

현정이는 어제 하루의 $\frac{2}{6}$만큼을 학교에서 보냈습니다. 현정이가 어제 학교에서 보낸 시간은 몇 시간인지 구해 보세요.

(   )

❶Tip 1일=24시간

4-1 병주네 집에서 학교까지 가는 데에는 $\frac{1}{3}$시간이 걸립니다. 병주네 집에서 학교까지 가는 데 걸리는 시간은 몇 분인지 구해 보세요.

(   )

4-2 전자레인지에 음식을 $\frac{4}{5}$분 동안 데웠습니다. 전자레인지에 음식을 데운 시간은 몇 초인지 구해 보세요.

(   )

4-3 세 사람 중에서 하루에 잠을 가장 많이 자는 사람은 누구인지 이름을 써 보세요.

- 은하: 나는 하루의 $\frac{1}{4}$만큼 잠을 자.
- 재철: 나는 하루의 $\frac{1}{3}$만큼 잠을 자.
- 민경: 나는 하루의 $\frac{3}{8}$만큼 잠을 자.

(   )

유형 5 **남은 양 구하기**
1회 14번 *2회 13번*

인영이는 구슬 42개를 가지고 있었습니다. 그중에서 전체의 $\frac{1}{3}$을 친구에게 주었다면 남은 구슬은 몇 개인지 구해 보세요.

( )

ℹ️ **Tip** (남은 양)=(전체 양)−(사용한 양)

5-1 희재는 땅콩 44개 중에서 전체의 $\frac{1}{2}$을 먹었습니다. 남은 땅콩은 몇 개인지 구해 보세요.

( )

5-2 지혜는 리본 52 m 중에서 전체의 $\frac{1}{4}$을 사용했습니다. 지혜가 사용하고 남은 리본은 몇 m인지 구해 보세요.

( )

5-3 전체 쪽수가 120쪽인 소설책이 있습니다. 이 책을 전체의 $\frac{3}{8}$만큼 읽었다면 남은 쪽수는 몇 쪽인지 구해 보세요.

( )

5-4 미연이는 젤리 182개를 동생과 똑같이 나누어 가진 다음 그중의 $\frac{2}{7}$를 먹었습니다. 미연이에게 남은 젤리는 몇 개인지 구해 보세요.

( )

5-5 현수는 딱지를 90장 가지고 있었습니다. 그중에서 전체의 $\frac{1}{6}$은 동생에게 주고, 전체의 $\frac{2}{5}$는 친구들에게 주었습니다. 남은 딱지는 몇 장인지 구해 보세요.

( )

유형 6 **수 카드로 분수 만들기**
1회 17번 *3회 15번* *4회 16번*

수 카드 3장 중에서 2장을 골라 만들 수 있는 진분수를 모두 구해 보세요.

| 2 | 3 | 8 |

( )

ℹ️ **Tip** 진분수는 분자가 분모보다 작은 분수이므로 2장을 뽑았을 때 더 큰 수를 분모에 놓아야 해요.

6-1 수 카드 3장 중에서 2장을 골라 만들 수 있는 가분수를 모두 구해 보세요.

$$\boxed{6} \quad \boxed{7} \quad \boxed{9}$$

(   )

6-2 수 카드 4장 중에서 2장을 골라 만들 수 있는 가분수는 모두 몇 개인지 구해 보세요.

$$\boxed{4} \quad \boxed{4} \quad \boxed{5} \quad \boxed{6}$$

(   )

6-3 수 카드 4장 중에서 3장을 골라 한 번씩만 사용하여 분모가 8인 대분수를 만들려고 합니다. 만들 수 있는 대분수를 모두 구해 보세요.

$$\boxed{2} \quad \boxed{5} \quad \boxed{8} \quad \boxed{9}$$

(   )

6-4 수 카드 4장 중에서 3장을 골라 한 번씩만 사용하여 분모가 7인 대분수를 만들려고 합니다. 만들 수 있는 대분수 중에서 가장 큰 대분수를 가분수로 나타내어 보세요.

$$\boxed{3} \quad \boxed{4} \quad \boxed{7} \quad \boxed{8}$$

(   )

🔗 2회 16번   🔗 3회 17번   🔗 4회 18번

유형 7 **☐ 안에 들어갈 수 있는 수 구하기**

☐ 안에 들어갈 수 있는 자연수 중에서 가장 큰 수를 구해 보세요.

$$\frac{12}{8} > 1\frac{\square}{8}$$

(   )

❶Tip 가분수를 대분수로 나타내어 크기를 비교하면 ☐ 안에 들어갈 수 있는 수를 구할 수 있어요.

7-1 ☐ 안에 들어갈 수 있는 자연수 중에서 가장 작은 수를 구해 보세요.

$$4\frac{1}{3} < \frac{\square}{3}$$

(   )

7-2 ☐ 안에 들어갈 수 있는 자연수는 모두 몇 개인지 구해 보세요.

$$\frac{20}{9} < 2\frac{\square}{9} < 2\frac{8}{9}$$

(   )

7-3 ☐ 안에 들어갈 수 있는 자연수를 모두 구해 보세요.

$$2\frac{4}{5} < \square\frac{2}{5} < 6\frac{3}{5}$$

(   )

4 단원

2회 19번 3회 16번

유형 8 튀어 오른 공의 높이 구하기

떨어뜨린 높이의 $\frac{1}{2}$만큼 튀어 오르는 공이 있습니다. 이 공을 40 m 높이에서 떨어뜨렸을 때 두 번째로 튀어 오른 공의 높이는 몇 m인지 구해 보세요.

( )

❶ Tip 두 번째로 튀어 오른 공의 높이는 첫 번째로 튀어 오른 공의 높이의 $\frac{1}{2}$이에요.

8 -1 떨어뜨린 높이의 $\frac{1}{3}$만큼 튀어 오르는 공이 있습니다. 이 공을 54 m 높이에서 떨어뜨렸을 때 두 번째로 튀어 오른 공의 높이는 몇 m인지 구해 보세요.

( )

8 -2 떨어뜨린 높이의 $\frac{1}{4}$만큼 튀어 오르는 공이 있습니다. 이 공을 96 m 높이에서 떨어뜨렸을 때 두 번째로 튀어 오른 공의 높이는 몇 m인지 구해 보세요.

( )

8 -3 떨어뜨린 높이의 $\frac{2}{5}$만큼 튀어 오르는 공이 있습니다. 이 공을 75 m 높이에서 떨어뜨렸을 때 두 번째로 튀어 오른 공의 높이는 몇 m인지 구해 보세요.

( )

1회 19번 3회 19번

유형 9 조건에 맞는 분수 구하기

조건에 맞는 분수는 모두 몇 개인지 구해 보세요.

조건
• 자연수 부분이 3인 대분수입니다.
• 분수 부분의 분모와 분자의 합이 9입니다.

( )

❶ Tip 대분수는 자연수와 진분수로 이루어진 분수이므로 합이 9가 되는 두 수 중에서 큰 수가 분모, 작은 수가 분자가 되어야 해요.

9 -1 조건에 맞는 분수를 구해 보세요.

조건
• 진분수입니다.
• 분모와 분자의 합이 4입니다.

( )

9 -2 조건에 맞는 분수를 구해 보세요.

조건
• 분모와 분자의 합이 11인 진분수입니다.
• 분모와 분자의 차가 7입니다.

( )

9 -3 조건에 맞는 분수를 구해 보세요.

조건
• 분모와 분자의 합이 14인 가분수입니다.
• 분모와 분자의 차가 8입니다.

( )

9-4 조건에 맞는 분수를 구해 보세요.

조건
• 대분수입니다.
• 2보다 크고 3보다 작습니다.
• 분모와 분자의 합이 13입니다.
• 분모와 분자의 차가 3입니다.

(   )

10-2 어떤 수의 $\frac{5}{6}$는 20입니다. 어떤 수는 얼마인지 구해 보세요.

(   )

10-3 어떤 수의 $\frac{4}{9}$는 60입니다. 어떤 수는 얼마인지 구해 보세요.

(   )

4 단원

🔗 1회 18번 🔗 4회 20번
유형10 어떤 수 구하기

어떤 수의 $\frac{2}{3}$는 18입니다. 그림을 보고 어떤 수는 얼마인지 구해 보세요.

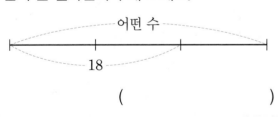

(   )

①Tip 먼저 어떤 수의 $\frac{1}{3}$이 얼마인지 구한 다음 3배 하여 어떤 수를 구해요.

10-4 어떤 수의 $\frac{3}{4}$은 21입니다. 어떤 수의 $\frac{5}{7}$는 얼마인지 구해 보세요.

(   )

10-1 어떤 수의 $\frac{3}{5}$은 15입니다. 그림을 보고 어떤 수는 얼마인지 구해 보세요.

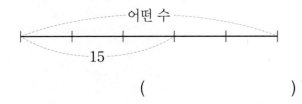

(   )

10-5 어떤 수의 $\frac{2}{7}$는 96입니다. 어떤 수의 $\frac{3}{8}$은 얼마인지 구해 보세요.

(   )

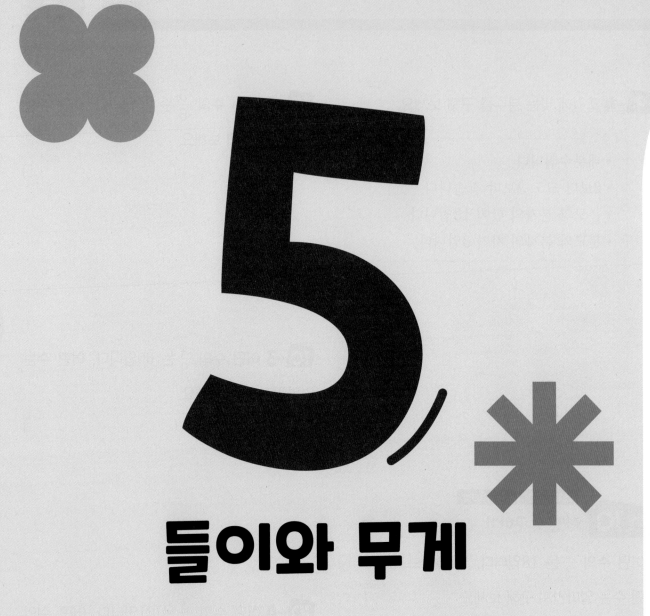

5

들이와 무게

들이와 무게

개념 ① 들이 비교하기

◆ 들이를 비교하는 방법

물을 직접 옮겨 담아 비교하거나 모양과 크기가 같은 그릇에 옮겨 담아 비교합니다. 이때, 물의 높이가 더 (높은 , 낮은) 쪽의 들이가 더 많습니다.

개념 ② 들이의 단위 알아보기

◆ 1 L와 1 mL 알아보기

들이의 단위에는 리터와 밀리리터 등이 있고, 1 리터는 1 L, 1 밀리리터는 1 mL라고 씁니다.

$$1 \text{ L} = 1000 \text{ mL}$$

1 L보다 200 mL 더 많은 들이를 1 L 200 mL라 쓰고 1 리터 200 밀리리터라고 읽습니다.

$$1 \text{ L } 200 \text{ mL} = \boxed{} \text{ mL}$$

> **참고**
> 어림하여 말할 때는 약 ■ L, 약 ■ mL라고 해요.

개념 ③ 들이의 덧셈과 뺄셈

$$\begin{array}{r} 2 \text{ L } 100 \text{ mL} \\ + 3 \text{ L } 600 \text{ mL} \\ \hline \boxed{} \text{ L } 700 \text{ mL} \end{array} \qquad \begin{array}{r} 6 \text{ L } 800 \text{ mL} \\ - 4 \text{ L } 300 \text{ mL} \\ \hline 2 \text{ L } 500 \text{ mL} \end{array}$$

> **참고**
> L 단위의 수끼리, mL 단위의 수끼리 계산해요.

개념 ④ 무게 비교하기

◆ 무게를 비교하는 방법

직접 들어서 비교하거나 양팔저울로 비교합니다. 이때, (위로 올라간 , 아래로 내려간) 쪽이 더 무겁습니다.

개념 ⑤ 무게의 단위 알아보기

◆ 1 kg, 1 g, 1 t 알아보기

무게의 단위에는 킬로그램과 그램 등이 있고, 1 킬로그램은 1 kg, 1 그램은 1 g이라고 씁니다.

$$1 \text{ kg} = 1000 \text{ g}$$

1 kg보다 300 g 더 무거운 무게를 1 kg 300 g이라 쓰고 1 킬로그램 300 그램이라고 읽습니다.

$$1 \text{ kg } 300 \text{ g} = 1300 \text{ g}$$

1000 kg의 무게를 1 t이라 쓰고 1 톤이라고 읽습니다.

$$1 \text{ t} = \boxed{} \text{ kg}$$

개념 ⑥ 무게의 덧셈과 뺄셈

$$\begin{array}{r} 1 \text{ kg } 300 \text{ g} \\ + 1 \text{ kg } 600 \text{ g} \\ \hline 2 \text{ kg } 900 \text{ g} \end{array} \qquad \begin{array}{r} 4 \text{ kg } 500 \text{ g} \\ - 3 \text{ kg } 100 \text{ g} \\ \hline \boxed{} \text{ kg } 400 \text{ g} \end{array}$$

정답 ❶ 높은 ❷ 1200 ❸ 5 ❹ 아래로 내려간 ❺ 1000 ❻ 1

01 들이의 단위를 모두 고르세요.

( )

① L   ② g   ③ t
④ mL   ⑤ kg

02 다음을 읽어 보세요.

6 kg 800 g

( )

03 비커에 담긴 물의 양이 얼마인지 눈금을 읽고, ☐ 안에 알맞은 수를 써넣으세요.

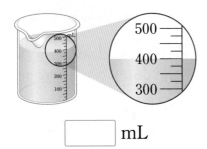

☐ mL

04 주전자에 물을 가득 채운 후 물병에 옮겨 담았더니 그림과 같이 물이 넘쳐 흘렀습니다. 주전자와 물병 중에서 들이가 더 많은 것은 어느 것인지 써 보세요.

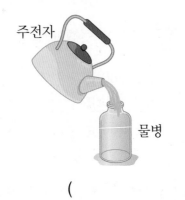

주전자

물병

( )

05 야구공과 테니스공을 양손에 각각 들었더니 야구공을 든 손에 힘이 더 많이 들어갔습니다. 야구공과 테니스공 중에서 어느 것이 더 무거운지 써 보세요.

( )

06 저울의 눈금을 읽고, 가방의 무게는 몇 kg 몇 g인지 구해 보세요.

( )

07 계산해 보세요.

$$\begin{array}{r} 2 \text{ kg } 330 \text{ g} \\ + 2 \text{ kg } 440 \text{ g} \\ \hline \end{array}$$

08 들이를 비교하여 ◯ 안에 >, =, <를 알맞게 써넣으세요.

12 L 30 mL ◯ 1300 mL

09 무게가 500 g에 가장 가까운 물건을 찾아 기호를 써 보세요.

> ㉠ 농구공   ㉡ 세탁기
> ㉢ 지우개   ㉣ 기차

(   )

✏️서술형

10 가 병과 나 병에 물을 가득 채운 후 모양과 크기가 같은 컵에 모두 옮겨 담았습니다. 어느 병이 컵 몇 개만큼 들이가 더 많은지 풀이 과정을 쓰고 답을 구해 보세요.

풀이 ▶
_____

_____

_____

답 ▶
_____,_____

11 물이 6 L 들어 있는 주전자가 있습니다. 이 주전자에 물을 500 mL 더 부었더니 주전자가 가득 찼습니다. 주전자의 들이는 몇 mL인지 구해 보세요.

(   )

12 물병과 컵의 들이의 차는 몇 mL인지 구해 보세요.

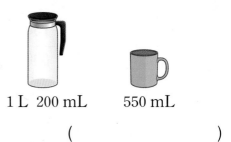

1 L 200 mL   550 mL

(   )

🤖 AI가 뽑은 정답률 낮은 문제

13 🔗98쪽 유형 1
똑같은 달걀 1개의 무게를 바둑돌과 동전을 이용하여 각각 재었습니다. 바둑돌과 동전 중에서 한 개의 무게가 더 무거운 것은 무엇인지 구해 보세요.

달걀   바둑돌   달걀   동전
       16개   10개

(   )

✏️서술형

14 지아가 강아지를 안고 저울에 올라가서 무게를 재었더니 42 kg 700 g이었습니다. 지아의 몸무게가 38 kg 400 g이라면 강아지의 몸무게는 몇 kg 몇 g인지 풀이 과정을 쓰고 답을 구해 보세요.

풀이 ▶
_____

_____

답 ▶
_____

15 □ 안에 알맞은 수를 써넣으세요.

🔗 100쪽
유형 4

$$
\begin{array}{r}
4\ \text{L}\ \boxed{}\ \text{mL} \\
+\ \boxed{}\ \text{L}\ \ 150\ \ \text{mL} \\
\hline
7\ \text{L}\ \ 600\ \ \text{mL}
\end{array}
$$

16 인우의 몸무게는 약 40 kg입니다. 코끼리의 몸무게가 약 4 t일 때, 코끼리의 몸무게는 인우의 몸무게의 약 몇 배인지 구해 보세요.

(   )

17 국어사전과 영어사전의 무게의 합은 1 kg 600 g입니다. 국어사전이 영어사전보다 200 g 더 무겁다면 국어사전과 영어사전의 무게는 각각 몇 g인지 구해 보세요.

🔗 101쪽
유형 6

국어사전 (   )

영어사전 (   )

18 들이가 500 mL인 그릇과 1 L 200 mL인 그릇으로 200 mL의 물을 담는 방법입니다. □ 안에 알맞은 수를 써넣으세요.

🔗 102쪽
유형 7

> 들이가 1 L 200 mL인 그릇에 물을 가득 담은 후 들이가 500 mL인 그릇으로 □ 번 덜어 내면 200 mL가 남습니다.

19 들이가 4 L인 항아리의 바닥에 구멍이 뚫려서 1분에 300 mL씩 물이 샙니다. 이 항아리에 1분에 1 L 100 mL씩 물이 나오는 수도로 물을 받으면 빈 항아리를 가득 채우는 데 몇 분이 걸리는지 구해 보세요.

(   )

20 빈 상자에 무게가 같은 볼링공 3개를 담았더니 17 kg 700 g이 되었습니다. 여기에 무게가 똑같은 볼링공 2개를 더 담았더니 28 kg 500 g이 되었습니다. 빈 상자만의 무게는 몇 kg 몇 g인지 구해 보세요.

🔗 103쪽
유형 9

(   )

01 다음을 읽어 보세요.

4 t

( )

02 필통과 공책 중에서 더 무거운 것은 무엇인지 써 보세요.

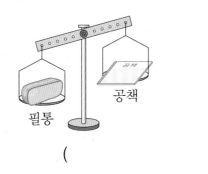

( )

03 가 병과 나 병에 물을 가득 채운 후 모양과 크기가 같은 그릇에 옮겨 담았습니다. 가 병과 나 병 중에서 들이가 더 많은 병은 어느 것인지 구해 보세요.

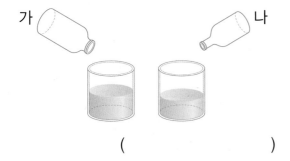

( )

04 수조의 눈금을 읽고, 수조에 담긴 물의 양은 몇 L 몇 mL인지 구해 보세요.

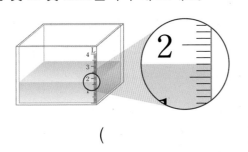

( )

05 ☐ 안에 알맞은 수를 써넣으세요.

5 kg 70 g = ☐ g

06 무게를 나타낼 때 kg 단위를 사용하기에 알맞지 않은 것은 어느 것인가요? ( )

① 식탁   ② 의자   ③ 냉장고
④ 접시   ⑤ 사람의 몸무게

07 계산해 보세요.

$$\begin{array}{r} 10 \text{ L } 320 \text{ mL} \\ - 6 \text{ L } 180 \text{ mL} \\ \hline \end{array}$$

08 들이가 같은 것끼리 선으로 이어 보세요.

1004 mL		1 L 400 mL
1400 mL		4 L 100 mL
4100 mL		1 L 4 mL

5
단원

09 세숫대야와 바가지에 물을 가득 채운 후 모양과 크기가 같은 컵에 모두 옮겨 담았습니다. 세숫대야의 들이는 바가지의 들이의 몇 배인지 구해 보세요.

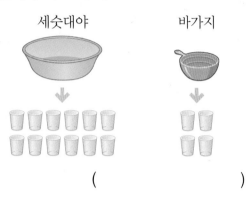

세숫대야   바가지

(   )

10 무게가 무거운 것부터 차례대로 기호를 써 보세요.

| ㉠ 2 kg 900 g | ㉡ 3000 g |
| ㉢ 1 t | ㉣ 11 kg |

(   )

AI가 뽑은 정답률 낮은 문제
11
📎98쪽
유형1
📝서술형

감자와 고구마의 무게를 비교하여 설명한 것입니다. 잘못 설명한 부분을 찾아 이유를 써 보세요.

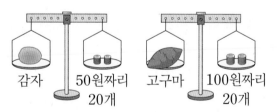

감자   50원짜리   고구마   100원짜리
        20개   20개

> 감자와 고구마의 무게는 각각 동전 20개의 무게와 같으므로 감자와 고구마의 무게는 같습니다.

이유 ▶ _____

_____

AI가 뽑은 정답률 낮은 문제
12
📎99쪽
유형3

같은 냄비에 물을 가득 채우려면 가, 나, 다 컵에 물을 가득 채워 다음과 같이 부어야 합니다. 들이가 가장 적은 컵은 어느 것인지 구해 보세요.

컵	가	나	다
부은 횟수(번)	9	12	15

(   )

13 현애와 승민이가 사 온 콩의 무게를 각각 저울로 재었습니다. 두 사람이 사 온 콩의 무게는 모두 몇 kg 몇 g인지 구해 보세요.

현애   승민

(   )

📝서술형

14 파란색 페인트 3 L 700 mL와 빨간색 페인트 3 L 800 mL를 섞어서 보라색 페인트를 만들었습니다. 만든 보라색 페인트는 모두 몇 L 몇 mL인지 풀이 과정을 쓰고 답을 구해 보세요.

풀이 ▶ _____

_____

_____

답 ▶ _____

15 은혜와 성훈이는 들이가 3 L인 그릇을 다음과 같이 어림했습니다. 어림을 더 잘한 사람은 누구인지 이름을 써 보세요.

🔗98쪽
유형 2

> • 은혜: 2 L 850 mL
> • 성훈: 3110 mL

(   )

16 다음과 같은 수조에 물을 1 L 200 mL 담았더니 물의 높이가 2 cm였습니다. 이 수조에 물을 4 L 800 mL 더 부으면 물의 높이는 몇 cm가 되는지 구해 보세요.

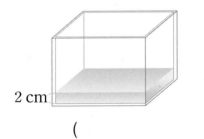

2 cm

(   )

17 포도와 멜론의 무게의 합은 1 kg 800 g이고, 멜론과 수박의 무게의 합은 6 kg 650 g입니다. 포도의 무게가 650 g일 때 수박의 무게는 몇 kg 몇 g인지 구해 보세요.

🔗101쪽
유형 6

(   )

18 0부터 9까지의 수 중에서 ☐ 안에 들어갈 수 있는 수는 모두 몇 개인지 구해 보세요.

> 2 kg 350 g + 1200 g > 3☐60 g

(   )

19 어느 항공사의 비행기는 무게가 10 kg이 넘는 여행 가방은 직접 가지고 탈 수 없습니다. 선주는 무게가 1 kg 700 g인 가방에 다음 물건을 모두 담으려고 합니다. 이 비행기에 가방을 직접 가지고 타려고 할 때 가방에 더 넣을 수 있는 짐의 무게는 몇 kg 몇 g인지 구해 보세요.

의류	물놀이 도구	간식
2 kg 90 g	2 kg 800 g	1 kg 160 g

(   )

20 차가운 물이 나오는 수도에서는 물이 1분에 2 L 550 mL씩 일정하게 나오고, 뜨거운 물이 나오는 수도에서는 물이 1분에 2 L 450 mL씩 일정하게 나옵니다. 두 수도를 동시에 틀어서 들이가 12 L 500 mL인 대야에 물을 가득 채우려면 몇 분 몇 초가 걸리는지 구해 보세요.

🔗102쪽
유형 8

(   )

5단원

01 다음을 읽어 보세요.

> 2 L 400 mL

(   )

02 ☐ 안에 알맞은 수를 써넣으세요.

> 3 t = ☐ kg

03 물병에 담긴 물을 컵에 가득 따랐더니 오른쪽 그림과 같이 물병에 물이 남았습니다. 물병과 컵 중에서 들이가 더 많은 것은 어느 것인지 써 보세요.

물병   컵

(   )

04 다음 저울로 물건의 무게를 잴 때 단위로 사용하기에 가장 알맞은 것은 어느 것인가요? (   )

① 호박   ② 오이   ③ 바둑돌
④ 지폐   ⑤ 세탁기

05~06 보기에서 알맞은 단위를 찾아 ☐ 안에 써넣으세요.

> 보기
> L   mL   kg   g   t

05 음료수 캔의 들이는 360 ☐ 입니다.

06 자동차의 무게는 2 ☐ 입니다.

07 계산해 보세요.

7 L 600 mL + 1 L 200 mL

✏️서술형

08 복숭아와 토마토를 양손으로 들어서 무게를 비교하려 했더니 무게가 비슷하여 어느 것이 더 무거운지 알 수 없었습니다. 복숭아와 토마토의 무게를 비교할 수 있는 방법을 써 보세요.

방법 ▶

_____

_____

_____

09 주전자에 물을 가득 채운 후 1000 mL짜리 비커에 옮겨 담았더니 다음과 같았습니다. 주전자의 들이는 몇 L 몇 mL인지 써 보세요.

( )

10 여진이는 일주일 동안 우유를 2 L 마셨습니다. 여진이가 일주일 동안 마신 우유는 몇 mL인지 써 보세요.

( )

11 무게의 단위를 잘못 사용한 사람을 찾아 이름을 쓰고, 바르게 고쳐 보세요.

- 한나: 내 가방의 무게는 3 kg이야.
- 경진: 내 축구공의 무게는 450 g 이야.
- 진형: 우리 가족은 어제 삼겹살을 2 t 먹었어.

( )

_____

12 무게 단위 사이의 관계를 나타낸 것입니다. ㉠과 ㉡에 알맞은 수의 합을 구해 보세요.

$$㉠ kg = 2000 g$$
$$2 kg 200 g = ㉡ g$$

( )

13 기문이와 선영이는 보온병, 유리병, 페트병의 들이를 직접 비교했습니다. 병의 들이가 많은 것부터 차례대로 써 보세요.

 유리병에 물을 가득 채운 후 보온병에 옮겨 담았더니 물이 넘쳤어.

 유리병에 물을 가득 채운 후 페트병에 옮겨 담았더니 물이 가득 차지 않아.

기문   선영

( )

14 똑같은 장난감 2개의 무게를 재었더니 다음과 같았습니다. 장난감 1개의 무게는 몇 g인지 구해 보세요.

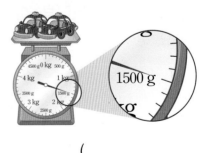

1500 g

( )

15 AI가 뽑은 정답률 낮은 문제

🔗 100쪽
유형 4

□ 안에 알맞은 수를 써넣으세요.

$$
\begin{array}{r}
\boxed{}\ \text{kg} \quad 680 \quad \text{g} \\
-\ \ 4 \ \ \text{kg} \ \boxed{} \ \text{g} \\
\hline
5 \ \ \text{kg} \quad 290 \quad \text{g}
\end{array}
$$

18 어느 빵집에서 밀가루 20 kg을 산 다음 빵을 만드는 데 매일 4 kg 600 g씩 3일 동안 사용했습니다. 남은 밀가루는 몇 kg 몇 g인지 구해 보세요.

( )

16 AI가 뽑은 정답률 낮은 문제

🔗 98쪽
유형 2

민정이와 친구들이 무게가 5 kg인 상자를 다음과 같이 어림했습니다. 어림을 가장 잘한 사람은 누구인지 이름을 써 보세요.

민정	철훈	혜나
4 kg 790 g	5 kg 90 g	4 kg 900 g

( )

19 5 L 450 mL의 물을 ㉮, ㉯, ㉰ 세 병에 각각 나누어 담았습니다. ㉯ 병에 담은 물은 ㉮ 병에 담은 물의 양보다 250 mL 더 많고, ㉰ 병에 담은 물의 양보다 300 mL 더 적습니다. ㉯ 병에 담은 물의 양은 몇 L 몇 mL인지 구해 보세요.

( )

17 AI가 뽑은 정답률 낮은 문제

🔗 100쪽
유형 5

가 수조에는 1 L 900 mL, 나 수조에는 2700 mL의 물이 담겨 있습니다. 두 수조에 담긴 물의 양을 같게 하려면 나 수조에서 가 수조로 물을 몇 mL 부어야 하는지 구해 보세요.

( )

20 AI가 뽑은 정답률 낮은 문제   서술형

🔗 102쪽
유형 7

들이가 3 L인 물통과 5 L인 물통이 있습니다. 두 물통만을 이용하여 물 4 L를 담는 방법을 설명해 보세요.

방법 ▶

_____

_____

_____

🔗98~103쪽에서 같은 유형의 문제를 더 풀 수 있어요.

점수

01 직접 손으로 들어서 귤과 배의 무게를 비교할 때, 더 무거운 것에 ◯표 해 보세요.

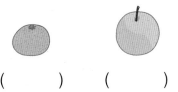

(   )   (   )

02 들이의 단위에 대해 설명한 것입니다. ☐ 안에 알맞은 수나 말을 써넣으세요.

비커에 들어 있는 물의 양은 1 L이고, 1 ☐ (이)라고 읽습니다.

1 L는 ☐ mL와 같습니다.

03 ㉮ 그릇과 ㉯ 그릇에 물을 가득 채운 후 모양과 크기가 같은 컵에 모두 옮겨 담았습니다. ☐ 안에 알맞은 수를 써넣으세요.

㉮ 그릇이 ㉯ 그릇보다 컵 ☐ 개 만큼 들이가 더 많습니다.

04 알맞은 단위에 ◯표 해 보세요.

세탁기의 무게는 약 90 (g , kg , t)입니다.

05 다음 들이는 몇 mL인지 써 보세요.

9 L보다 100 mL 더 많은 들이

(   )

06 t 단위를 사용하여 무게를 나타내기에 알맞은 것을 찾아 기호를 써 보세요.

㉠ 탁구공   ㉡ 텔레비전
㉢ 트럭   ㉣ 트로피

(   )

5단원

07 다음 계산에서 ☐ 안의 수 1이 실제로 나타내는 들이는 몇 mL인지 구해 보세요.

```
      1
    2  L  700 mL
 +  2  L  500 mL
 ─────────────────
    5  L  200 mL
```

(   )

08 저울로 지우개, 연필, 가위의 무게를 비교했습니다. 무거운 것부터 차례대로 써 보세요.

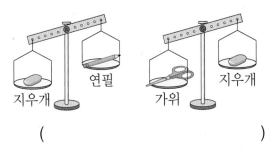

(   )

09 들이가 200 mL인 컵에 물을 가득 채운 후 그릇에 3번 부었더니 물이 거의 가득 찼습니다. 그릇의 들이는 약 몇 mL인가요?

( )

① 약 200 mL ② 약 400 mL
③ 약 600 mL ④ 약 800 mL
⑤ 약 1 L

10 무게를 비교하여 ◯ 안에 >, =, <를 알맞게 써넣으세요.

8 kg 50 g + 6 kg 400 g ◯ 14700 g

 AI가 **뽑은** 정답률 낮은 **문제**

11
∂99쪽
유형 3
㉮, ㉯, ㉰ 컵에 물을 가득 채운 후 오른쪽 어항에 물을 부어 어항을 가득 채우려고 합니다.

각각의 컵으로 어항을 가득 채울 때 다음과 같이 물을 부어야 한다면 들이가 가장 많은 컵은 어느 것인지 풀이 과정을 쓰고 답을 구해 보세요.

🖊️서술형

컵	㉮	㉯	㉰
부은 횟수(번)	17	13	20

풀이▶

_____

_____

_____

답▶

_____

⚡ AI가 **뽑은** 정답률 낮은 **문제**

12
∂98쪽
유형 2
수조의 들이는 10 L입니다. 수조에 담겨 있는 물의 양을 경민이는 6 L로 어림하고, 성진이는 4 L로 어림했습니다. 어림을 더 잘한 사람은 누구인지 이름을 써 보세요.

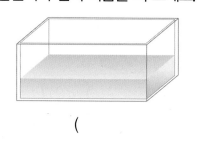

( )

13 빈 주전자에 물을 3 L 부었더니 200 mL가 흘러 넘쳤습니다. 주전자의 들이는 몇 L 몇 mL인지 구해 보세요.

( )

🖊️서술형

14 고기 한 근은 600 g을 나타내고, 채소 한 관은 3 kg 750 g을 나타냅니다. 고기 6근과 채소 한 관 중에서 어느 것이 더 무거운지 풀이 과정을 쓰고 답을 구해 보세요.

풀이▶

_____

_____

_____

답▶

_____

15 ☐ 안에 알맞은 수를 써넣으세요.

🔗 100쪽
유형 4

$$9 \text{ kg } 400 \text{ g} - \boxed{} \text{ g}$$
$$= 6 \text{ kg } 700 \text{ g}$$

16 정호는 우유 2 L를 사서 매일 250 mL씩 일주일 동안 마셨습니다. 남은 우유는 몇 mL인지 구해 보세요.

(   )

17 일정하게 물이 나오는 두 수도가 있습니다. 1분에 3 L 50 mL의 물이 나오는 ㉮ 수도와 1분에 2 L 750 mL의 물이 나오는 ㉯ 수도에서 2분 동안 동시에 물을 받으면 받은 물은 모두 몇 L 몇 mL인지 구해 보세요.

🔗 102쪽
유형 8

(   )

18 들이가 2 L 400 mL인 그릇에 물을 가득 채우려고 합니다. ㉮ 컵으로는 물을 가득 채워 3번 부어야 하고, ㉯ 컵으로는 물을 가득 채워 4번 부어야 한다고 할 때, ㉮ 컵과 ㉯ 컵의 들이의 합은 몇 L 몇 mL인지 구해 보세요.

(   )

19 빈 상자에 무게가 같은 고양이 사료 4개를 담았더니 6 kg 100 g이 되었습니다. 여기에 무게가 똑같은 고양이 사료 3개를 더 담았더니 9 kg 700 g이 되었습니다. 빈 상자만의 무게는 몇 kg 몇 g인지 구해 보세요.

🔗 103쪽
유형 9

(   )

5 단원

20 각각 무게가 같은 비행기 드론과 자동차 드론이 있습니다. 비행기 드론 3개와 자동차 드론 5개의 무게의 합이 17 kg 300 g이고, 비행기 드론 4개와 자동차 드론 2개의 무게의 합이 11 kg 400 g이었습니다. 비행기 드론 1개와 자동차 드론 1개의 무게의 합은 몇 kg 몇 g인지 구해 보세요.

(   )

🔗 1회 13번 🔗 2회 11번

유형 1   임의의 단위로 무게 비교하기

사탕과 초콜릿의 무게를 비교하려고 합니다. 알맞은 말에 ○표 하고, ☐ 안에 알맞은 수를 써넣으세요.

사탕   바둑돌   초콜릿   바둑돌
          9개   7개

(사탕 , 초콜릿)이 (사탕 , 초콜릿)

보다 바둑돌 ☐ 개만큼 더 무겁습

니다.

❶Tip 저울이 기울어지지 않았으므로 양쪽의 무게가 같음을 이용하여 무게를 비교해요.

1 -1 지우개와 가위 중에서 어느 것이 바둑돌 몇 개만큼 더 무거운지 구해 보세요.

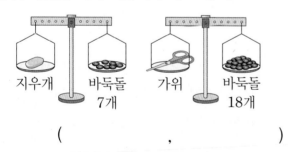

지우개   바둑돌   가위   바둑돌
            7개   18개

(,   )

1 -2 무게를 재는 데 바둑돌과 같이 임의의 단위로 사용할 수 있는 물건을 3가지 찾아 써 보세요.

(   )

1 -3 똑같은 오이 1개의 무게를 동전과 쌓기나무를 이용하여 각각 재었습니다. 동전과 쌓기나무 중에서 한 개의 무게가 더 무거운 것은 무엇인지 구해 보세요.

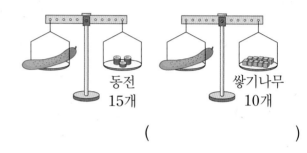

동전   쌓기나무
15개   10개

(   )

🔗 2회 15번 🔗 3회 16번 🔗 4회 12번

유형 2   어림을 잘한 사람 구하기

실제 들이가 1 L인 그릇의 들이를 다음과 같이 어림했습니다. 어림을 더 잘한 사람의 이름을 써 보세요.

슬기	연아
800 mL	1 L 150 mL

(   )

❶Tip 실제 값과 어림한 값의 차를 구한 다음 차의 크기를 비교하여 어림을 더 잘한 사람을 찾아요.

2 -1 실제 무게가 2 kg 700 g인 메주 한 덩어리의 무게를 인성이는 3 kg으로 어림하고, 서진이는 2 kg 500 g으로 어림했습니다. 어림을 더 잘한 사람의 이름을 써 보세요.

(   )

2-2 실제 들이가 10 L 100 mL인 항아리의 들이를 다음과 같이 어림했습니다. 어림을 가장 잘한 사람의 이름을 써 보세요.

현우	11 L
재홍	9850 mL
유미	10 L 300 mL

(   )

2-3 혜미는 멜론과 수박의 무게를 어림한 후 저울로 재어 보았습니다. 멜론과 수박 중에서 실제 무게에 더 가깝게 어림한 것은 무엇인지 구해 보세요.

	어림한 무게	저울로 잰 무게
멜론	1050 g	1 kg 200 g
수박	6300 g	6 kg 200 g

(   )

유형 3   🔗 2회 12번   🔗 4회 11번   **컵의 들이 비교하기**

같은 냄비에 물을 가득 채우려면 가, 나, 다 컵에 물을 가득 채워 다음과 같이 부어야 합니다. 들이가 가장 적은 컵은 어느 것인지 구해 보세요.

컵	가	나	다
부은 횟수(번)	14	21	18

(   )

❶Tip 컵의 들이가 적을수록 더 많이 부어야 해요.

3-1 같은 냄비에 물을 가득 채우려면 가, 나, 다 컵에 물을 가득 채워 다음과 같이 부어야 합니다. 들이가 많은 컵부터 차례대로 써 보세요.

컵	가	나	다
부은 횟수(번)	15	20	25

(   )

3-2 항아리에 물을 가득 채우려면 나무바가지로는 16번, 플라스틱바가지로는 12번, 유리바가지로는 24번 물을 부어야 합니다. 들이가 가장 많은 바가지는 무엇인지 구해 보세요.

(   )

3-3 어항과 수조에 물을 가득 채우려면 가 컵과 나 컵에 물을 가득 채워 각각 다음과 같이 부어야 합니다. 바르게 이야기한 사람은 누구인지 이름을 써 보세요.

컵	가	나
어항	30번	24번
수조	20번	16번

- 수정: 가 컵이 나 컵보다 들이가 더 많아.
- 태원: 어항이 수조보다 들이가 더 많아.

(   )

5 단원

1회 15번 3회 15번 4회 15번

유형 4 ☐ 안에 알맞은 수 써넣기

☐ 안에 알맞은 수를 써넣으세요.

$$
\begin{array}{r}
\boxed{}\ \text{L} \quad 300 \quad \text{mL} \\
+\ 5\ \text{L} \quad \boxed{}\ \text{mL} \\
\hline
10\ \text{L} \quad 700 \quad \text{mL}
\end{array}
$$

❶Tip L 단위의 수끼리, mL 단위의 수끼리 계산하여 ☐ 안에 알맞은 수를 구해요.

4-1 ☐ 안에 알맞은 수를 써넣으세요.

$$
\begin{array}{r}
8\ \text{L} \quad \boxed{}\ \text{mL} \\
-\ \boxed{}\ \text{L} \quad 700 \quad \text{mL} \\
\hline
4\ \text{L} \quad 400 \quad \text{mL}
\end{array}
$$

4-2 ☐ 안에 알맞은 수를 써넣으세요.

$$
\begin{array}{r}
\boxed{}\ \text{kg} \quad 800 \quad \text{g} \\
+\ 3\ \text{kg} \quad \boxed{}\ \text{g} \\
\hline
6\ \text{kg} \quad 200 \quad \text{g}
\end{array}
$$

4-3 ☐ 안에 알맞은 수를 써넣으세요.

$$
\begin{array}{r}
8\ \text{kg} \quad \boxed{}\ \text{g} \\
-\ \boxed{}\ \text{kg} \quad 450 \quad \text{g} \\
\hline
2\ \text{kg} \quad 150 \quad \text{g}
\end{array}
$$

4-4 ☐ 안에 알맞은 수를 써넣으세요.

$$2\ \text{L}\ 20\ \text{mL} + \boxed{}\ \text{mL}$$
$$= 7\ \text{L}\ 200\ \text{mL}$$

4-5 ☐ 안에 알맞은 수를 써넣으세요.

$$\boxed{}\ \text{g} - 5\ \text{kg}\ 500\ \text{g}$$
$$= 3\ \text{kg}\ 600\ \text{g}$$

3회 17번

유형 5 부어야 하는 물의 양 구하기

가 수조에는 2 L, 나 수조에는 1800 mL의 물이 담겨 있습니다. 두 수조에 담긴 물의 양을 같게 하려면 가 수조에서 나 수조로 물을 몇 mL 부어야 하는지 구해 보세요.

(   )

❶Tip 가 수조에서 나 수조로 부어야 하는 물의 양은 두 수조에 담겨 있는 물의 양의 차를 구한 다음 반으로 나누면 돼요.

5-1 가 수조에는 3 L 300 mL, 나 수조에는 4 L 200 mL의 물이 담겨 있습니다. 두 수조에 담긴 물의 양을 같게 하려면 나 수조에서 가 수조로 물을 몇 mL 부어야 하는지 구해 보세요.

(   )

5-2 가 수조에는 7200 mL, 나 수조에는 6 L 700 mL의 물이 담겨 있습니다. 두 수조에 담긴 물의 양을 같게 하려면 가 수조에서 나 수조로 물을 몇 mL 부어야 하는지 구해 보세요.

(   )

5-3 가 수조에는 3200 mL, 나 수조에는 5600 mL의 물이 담겨 있습니다. 두 수조에 담긴 물의 양을 같게 하려면 나 수조에서 가 수조로 물을 몇 L 몇 mL 부어야 하는지 구해 보세요.

(   )

🔗 1회 17번   🔗 2회 17번

유형 6   **합이 주어진 경우 무게 구하기**

다영이네 집에 상자 2개가 배달됐습니다. 두 상자의 무게의 합은 7 kg이고, 가 상자가 나 상자보다 1 kg 더 무겁다면 가 상자의 무게는 몇 kg인지 구해 보세요.

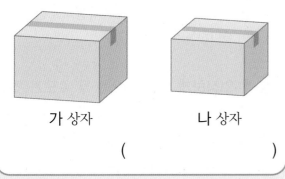

가 상자   나 상자

(   )

❶ **Tip** 구하려고 하는 상자의 무게를 ☐ kg으로 하여 문제에 알맞은 식을 만들어 문제를 해결해요.

6-1 정호네 집에 있는 쌀과 보리의 무게는 모두 12 kg입니다. 쌀이 보리보다 8 kg 더 있다면 쌀의 무게는 몇 kg인지 구해 보세요.

(   )

6-2 인영이와 석훈이가 캔 고구마는 모두 6 kg입니다. 인영이가 석훈이보다 고구마를 600 g 더 캤다면 인영이가 캔 고구마의 무게는 몇 kg 몇 g인지 구해 보세요.

(   )

6-3 어느 식당에 돼지고기, 소고기, 닭고기가 있습니다. 돼지고기와 소고기의 무게의 합은 9 kg 300 g이고, 소고기와 닭고기의 무게의 합은 8 kg 100 g입니다. 돼지고기가 5 kg 900 g 있다면 닭고기는 몇 kg 몇 g 있는지 구해 보세요.

(   )

6-4 현정이네 집에서 키우는 강아지와 고양이의 몸무게의 합은 9 kg 800 g입니다. 강아지가 고양이보다 2 kg 600 g 더 무거울 때 강아지와 고양이의 몸무게는 각각 몇 kg 몇 g인지 구해 보세요.

강아지 (   )
고양이 (   )

5 단원

1회 18번 **3회 20번**

유형 7 여러 가지 방법으로 물 채우기

들이가 800 mL인 그릇과 2 L인 그릇으로 400 mL의 물을 담는 방법입니다. ☐ 안에 알맞은 수를 써넣으세요.

> 들이가 2 L인 그릇에 물을 가득 담은 후 들이가 800 mL인 그릇으로 ☐번 덜어 내면 400 mL가 남습니다.

❶Tip 한 그릇에서 다른 그릇으로 물을 옮길 때 남는 물의 양을 생각하여 문제를 해결해요.

7-1 들이가 500 mL인 컵과 600 mL인 컵으로 400 mL의 물을 담는 방법을 순서대로 나타낸 것입니다. ☐ 안에 알맞은 수를 써넣으세요.

500 mL　　　600 mL

> ① 들이가 500 mL인 컵에 물을 가득 담은 후 들이가 600 mL인 컵으로 옮겨 담습니다.
>
> ② 들이가 ☐ mL인 컵에 물을 다시 가득 담은 후 ☐ mL인 컵이 가득 차도록 옮기면 400 mL가 남습니다.

7-2 ㉮ 물통과 ㉯ 물통을 이용하여 수조에 물을 6 L 800 mL 담는 방법을 설명해 보세요.

4 L 600 mL　　2 L 400 mL

방법▶

_____

_____

_____

2회 20번 **4회 17번**

유형 8 수도에서 받은 물의 양 구하기

일정하게 물이 나오는 두 수도가 있습니다. 1분에 2 L 900 mL의 물이 나오는 ㉮ 수도와 1분에 2300 mL의 물이 나오는 ㉯ 수도에서 2분 동안 동시에 물을 받으면 받은 물은 모두 몇 L 몇 mL인지 구해 보세요.

(　　　　　　　　)

❶Tip 먼저 1분 동안 두 수도에서 동시에 받는 물의 양이 얼마인지 구해요.

8-1 일정하게 물이 나오는 두 수도가 있습니다. 1분에 1800 mL의 물이 나오는 ㉮ 수도와 1분에 2 L 400 mL의 물이 나오는 ㉯ 수도에서 2분 동안 동시에 물을 받으면 받은 물은 모두 몇 L 몇 mL인지 구해 보세요.

(　　　　　　　)

8-2 일정하게 물이 나오는 두 수도가 있습니다. 1분에 1 L 750 mL의 물이 나오는 ㉮ 수도와 2분에 3 L 300 mL의 물이 나오는 ㉯ 수도에서 4분 동안 동시에 물을 받으면 받은 물은 모두 몇 L 몇 mL인지 구해 보세요.

(   )

8-3 차가운 물이 나오는 수도에서는 물이 1분에 2 L 600 mL씩 일정하게 나오고, 뜨거운 물이 나오는 수도에서는 물이 1분에 2 L 900 mL씩 일정하게 나옵니다. 두 수도를 동시에 틀어서 들이가 16 L 500 mL인 대야에 물을 가득 채우려면 몇 분이 걸리는지 구해 보세요.

(   )

1회 20번 *4회 19번*

유형 9 빈 상자만의 무게 구하기

빈 상자에 무게가 같은 쇠구슬 2개를 담았더니 3 kg이 되었습니다. 여기에 무게가 똑같은 쇠구슬 2개를 더 담았더니 5 kg 600 g이 되었습니다. 빈 상자만의 무게는 몇 g인지 구해 보세요.

(   )

9-1 빈 상자에 무게가 같은 유리구슬 3개를 담았더니 3 kg 100 g이 되었습니다. 여기에 무게가 똑같은 유리구슬 6개를 더 담았더니 5 kg 500 g이 되었습니다. 빈 상자만의 무게는 몇 kg 몇 g인지 구해 보세요.

(   )

9-2 빈 상자에 무게가 같은 볼링핀 4개를 담았더니 7 kg 200 g이 되었습니다. 여기에 무게가 똑같은 볼링핀 6개를 더 담았더니 16 kg 200 g이 되었습니다. 빈 상자만의 무게는 몇 kg 몇 g인지 구해 보세요.

(   )

5 단원

9-3 무게가 똑같은 참외 6개를 빈 상자에 담아 무게를 재었더니 4 kg 200 g이었습니다. 참외 2개를 먹은 다음 무게를 다시 재었더니 2 kg 900 g이 되었다면 빈 상자만의 무게는 몇 g인지 구해 보세요.

(   )

9-4 무게가 똑같은 파인애플 7개를 빈 상자에 담아 무게를 재었더니 9 kg 900 g이었습니다. 파인애플 3개를 먹은 다음 무게를 다시 재었더니 6 kg 300 g이 되었다면 빈 상자만의 무게는 몇 kg 몇 g인지 구해 보세요.

(   )

ⓘTip

▨ − ▨ = ●● ,

▨ − ●● = ▨

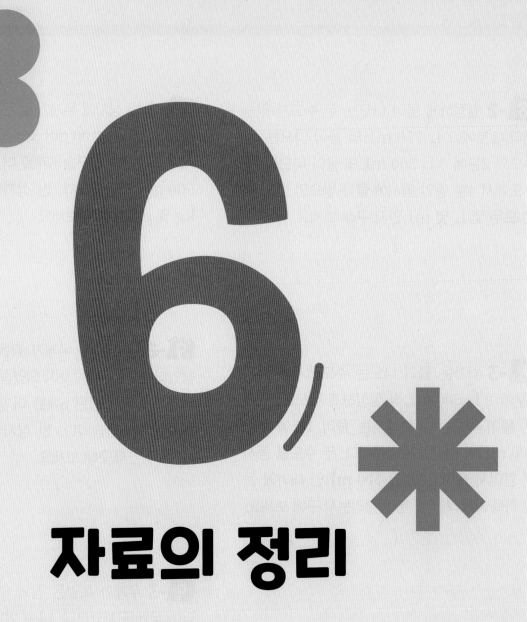

6 자료의 정리

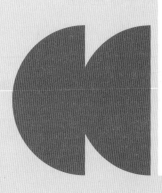

자료의 정리

개념 ❶ 표로 나타내기

◆ **자료를 수집하여 표로 나타내기**

• 자료를 수집하는 방법에는 직접 손 들기, 붙임 딱지 붙이기, 투표하기, 돌아다니며 묻기 등이 있습니다.

• 수집한 자료를 표로 나타내기

학생들이 좋아하는 계절

봄	여름	가을	겨울

⬇

좋아하는 계절별 학생 수

계절	봄	여름	가을	겨울	합계
학생 수(명)		4	3	7	20

• 표를 보고 알 수 있는 내용
  ① 가장 많은 학생들이 좋아하는 계절: 겨울
  ② 조사한 전체 학생 수: 20명

개념 ❷ 그림그래프 알아보기

조사한 수를 그림으로 나타낸 그래프를 [　　　　　](이)라고 합니다.

좋아하는 과목별 학생 수

과목	학생 수
음악	☺ ☺ ☺ ☺
미술	☺ ☺ ☺ ☺ ☺ ☺ ☺
체육	☺ ☺

☺ 10명
☺ 1명

개념 ❸ 그림그래프로 나타내기

• 표를 보고 그림그래프로 나타내기

과수원별 사과 생산량

과수원	가	나	다	합계
생산량(kg)	430	620	350	1400

❶ 알맞은 제목을 씁니다.

❷ 자료의 수를 나타낼 그림(🍎)과 단위(100 kg, [　] kg)를 정합니다.

❸ 항목을 쓰고, 자료의 수에 맞게 그림으로 나타냅니다.

❶ **과수원별 사과 생산량**

과수원	생산량
가	🍎🍎🍎🍎🍎🍎🍎
나	🍎🍎🍎🍎🍎🍎🍎🍎
다	🍎🍎🍎🍎🍎🍎🍎

❷ 🍎 100 kg 🍎 10 kg

> **참고**
> • 제목은 마지막에 써도 돼요.
> • 그림은 자료를 대표할 수 있고, 쉽게 그릴 수 있어야 해요.

• 그림그래프를 보고 알 수 있는 내용
  ① 가 과수원의 사과 생산량: 430 kg
  ② 생산량이 가장 많은 과수원: 나 과수원
  ③ 생산량이 가장 적은 과수원: 다 과수원

정답 ❶ 6 ❷ 그림그래프 ❸ 10

01~04 진석이가 가지고 있는 구슬을 조사했습니다. 물음에 답해 보세요.

진석이가 가지고 있는 구슬

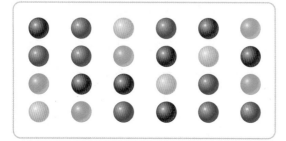

01 노랑 구슬은 몇 개인지 구해 보세요.

(   )

02 진석이가 가지고 있는 구슬은 모두 몇 개인지 구해 보세요.

(   )

03 조사한 자료를 보고 표로 나타내어 보세요.

색깔별 구슬 수

색깔	빨강	파랑	노랑	초록	합계
구슬 수 (개)					

04 가지고 있는 수가 많은 구슬의 색깔부터 차례대로 써 보세요.

(   )

05~08 어느 중국 음식점에서 하루에 팔린 음식별 그릇 수를 조사하여 나타낸 그림그래프입니다. 물음에 답해 보세요.

음식별 그릇 수

음식	그릇 수
자장면	🥣🥣🥣🥛
짬뽕	🥣🥣🥛🥛
볶음밥	🥣🥛🥛🥛🥛🥛

🥣 10그릇 🥛 1그릇

05 그림 🥣과 🥛은 각각 몇 그릇을 나타내는지 써 보세요.

🥣 (   )

🥛 (   )

06 볶음밥은 몇 그릇 팔렸는지 구해 보세요.

(   )

07 22그릇 팔린 음식은 무엇인지 구해 보세요.

(   )

08 가장 많이 팔린 음식은 무엇인지 구해 보세요.

(   )

09~12 지연이네 학교 3학년 학생들이 받은 반별 칭찬 붙임 딱지 수를 조사하여 나타낸 그림그래프입니다. 물음에 답해 보세요.

반별 칭찬 붙임 딱지 수

반	칭찬 붙임 딱지 수
1반	👍👍👍👍👍👍
2반	👍👍👍👍
3반	👍👍👍👍👍
4반	👍👍👍👍👍👍👍👍

👍100장 👍10장 👍1장

09 1반이 받은 칭찬 붙임 딱지는 몇 장인지 구해 보세요.

(   )

10 칭찬 붙임 딱지를 가장 많이 받은 반은 어느 반인지 구해 보세요.

(   )

AI가 **뽑은** 정답률 낮은 **문제**

11 네 반이 받은 칭찬 붙임 딱지는 모두 몇 장인지 구해 보세요.
119쪽 유형3

(   )

12 칭찬 붙임 딱지를 가장 많이 받은 반과 가장 적게 받은 반의 칭찬 붙임 딱지 수의 차는 몇 장인지 구해 보세요.

(   )

13~15 기현이네 반 학생들이 모둠별 모은 빈병 수를 조사하여 나타낸 표입니다. 물음에 답해 보세요.

모둠별 모은 빈 병 수

모둠	가	나	다	라	합계
빈 병 수 (개)	24	16		33	94

AI가 **뽑은** 정답률 낮은 **문제**

13 다 모둠이 모은 빈 병 수는 몇 개인지 구하여 표를 완성해 보세요.
118쪽 유형1

14 표를 보고 그림그래프로 나타내어 보세요.

모둠별 모은 빈 병 수

모둠	빈 병 수
가	
나	
다	
라	

🍼10개 🍼1개

📝서술형

15 표를 그림그래프로 나타내었을 때 편리한 점을 2가지 써 보세요.

답 ▶ _____

_____

_____

16~18 마을별 심은 나무 수를 조사하여 나타낸 그림그래프입니다. 물음에 답해 보세요.

마을별 심은 나무 수

마을	나무 수
햇살	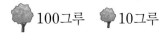
언덕	
바다	

🌳100그루 🌲10그루

AI가 **뽑은** 정답률 낮은 **문제**

16
⚭ **122쪽**
유형 **8**

언덕 마을에 심은 나무가 바다 마을에 심은 나무보다 80그루 더 많을 때 위의 그림그래프를 완성해 보세요.

AI가 **뽑은** 정답률 낮은 **문제**

17
⚭ **121쪽**
유형 **6**

그림의 단위를 3개로 하여 그림그래프로 나타내어 보세요.

마을별 심은 나무 수

마을	나무 수
햇살	
언덕	
바다	

🌳100그루 🌲50그루 🌳10그루

🖊️서술형

18 위의 두 그림그래프를 비교하여 각각의 장점을 설명해 보세요.

📝답▶

_____

_____

_____

AI가 **뽑은** 정답률 낮은 **문제**

19
⚭ **120쪽**
유형 **5**

은미네 반 학생들이 좋아하는 꽃을 조사하여 나타낸 그림그래프입니다. 장미를 좋아하는 학생이 13명일 때 튤립을 좋아하는 학생은 몇 명인지 구해 보세요.

좋아하는 꽃별 학생 수

꽃	학생 수
장미	😊😊😊😊😊
튤립	😊😊😊😊😊
해바라기	😊😊😊

(   )

AI가 **뽑은** 정답률 낮은 **문제**

20
⚭ **123쪽**
유형 **9**

어느 공장에서 월별 설탕 판매량을 조사하여 나타낸 그림그래프입니다. 설탕을 5 kg씩 포장하여 2만 원에 팔았다면 5월부터 8월까지 이 공장의 설탕 판매 금액은 모두 얼마인지 구해 보세요.

월별 설탕 판매량

월	판매량
5월	🧂🧂🧂🧂🧂🧂🧂🧂
6월	🧂🧂🧂🧂🧂
7월	🧂🧂🧂🧂🧂🧂
8월	🧂🧂🧂🧂🧂

🧂100 kg 🧂10 kg

(   )

점수

01~04 어느 도서관에 있는 종류별 책 수를 조사하여 나타낸 그래프입니다. 물음에 답해 보세요.

종류별 책 수

종류	책 수
동화책	📕 📕 📕 📕 📕
과학책	📕 📕 📕 📕 📗
소설책	📕 📕 📕 📕 📕

📕 100권
📗 10권

01 위와 같이 조사한 수를 그림으로 나타낸 그래프를 무엇이라고 하는지 써 보세요.

(   )

02 도서관에 동화책은 몇 권 있는지 구해 보세요.

(   )

03 과학책은 동화책보다 몇 권 더 많은지 구해 보세요.

(   )

AI가 뽑은 정답률 낮은 문제

04 도서관에 있는 동화책, 과학책, 소설책은 모두 몇 권인지 구해 보세요.

📎 119쪽
유형 3

(   )

05~08 영은이네 반 학생들의 혈액형을 조사했습니다. 물음에 답해 보세요.

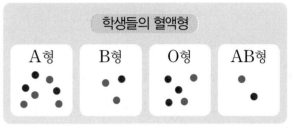

학생들의 혈액형

| A형 | B형 | O형 | AB형 |

● 남학생   ● 여학생

05 영은이네 반 학생은 모두 몇 명인지 구해 보세요.

(   )

06 조사한 자료를 보고 영은이의 혈액형을 알 수 있는지 없는지 써 보세요.

(   )

07 조사한 자료를 보고 표로 나타내어 보세요.

혈액형별 학생 수

혈액형	A형	B형	O형	AB형	합계
학생 수 (명)					

AI가 뽑은 정답률 낮은 문제

08 조사한 자료를 보고 남학생과 여학생으로 구분하여 표로 나타내어 보세요.

📎 118쪽
유형 2

혈액형별 학생 수

혈액형	A형	B형	O형	AB형	합계
남학생 수(명)					
여학생 수(명)					

6단원

09~11 민우네 반 학생들이 가고 싶은 현장 체험 학습 장소를 투표하고 정리한 것입니다. 물음에 답해 보세요.

학생들이 가고 싶은 현장 체험 학습 장소

미술관	미술관	박물관	과학관	미술관
과학관	박물관	미술관	과학관	과학관
미술관	박물관	과학관	미술관	박물관
과학관	과학관	미술관	박물관	과학관

09 조사한 자료를 보고 표로 나타내어 보세요.

가고 싶은 현장 체험 학습 장소별 학생 수

장소	미술관	박물관	과학관	합계
학생 수 (명)				

10 표를 보고 그림그래프로 나타내어 보세요.

가고 싶은 현장 체험 학습 장소별 학생 수

장소	학생 수
미술관	
박물관	
과학관	

☺5명 ☺1명

서술형

11 표가 그림그래프보다 더 편리한 점을 2가지 써 보세요.

답▶
_____
_____
_____

12~14 명현이네 학교 학생들이 좋아하는 운동을 조사하여 나타낸 그림그래프입니다. 물음에 답해 보세요.

좋아하는 운동별 학생 수

운동	학생 수
야구	🏃🏃🏃🏃🏃🏃🏃
농구	🏃🏃🏃
축구	🏃🏃🏃🏃
배구	🏃🏃

🏃10명 🏃5명

12 35명이 좋아하는 운동은 무엇인지 써 보세요.

(   )

13 그림그래프를 보고 표로 나타내어 보세요.

좋아하는 운동별 학생 수

운동	야구	농구	축구	배구	합계
학생 수 (명)					

서술형

14 야구를 좋아하는 학생은 배구를 좋아하는 학생의 몇 배인지 풀이 과정을 쓰고 답을 구해 보세요.

풀이▶
_____
_____
_____

답▶
_____

15~17 농장별 감자 생산량을 조사하여 나타낸 표와 그림그래프입니다. 물음에 답해 보세요.

농장별 감자 생산량

농장	가	나	다	합계
생산량 (kg)		360		

농장별 감자 생산량

농장	생산량
가	(감자 그림)
나	
다	(감자 그림)

(감자) 100 kg (감자) 50 kg (감자) 10 kg

🔗120쪽 유형4

AI가 뽑은 정답률 낮은 문제

15 표와 그림그래프를 각각 완성해 보세요.

16 생산량이 많은 농장부터 차례대로 써 보세요.
( )

AI가 뽑은 정답률 낮은 문제

17 그림의 단위를 2개로 바꾸어 그림그래프로 나타내어 보세요.
🔗121쪽 유형6

농장별 감자 생산량

농장	생산량
가	
나	
다	

18~20 일정 기간 동안 일정한 장소에 내린 비나 눈 따위의 물의 양을 강수량이라고 합니다. 어느 지역의 월별 강수량을 조사하여 나타낸 그림그래프입니다. 물음에 답해 보세요.

월별 강수량

월	강수량
6월	
7월	(물방울 그림)
8월	(물방울 그림)
9월	(물방울 그림)

(물방울) 100 mm (물방울) 10 mm

AI가 뽑은 정답률 낮은 문제

18 6월의 강수량이 8월의 강수량의 $\frac{4}{7}$일 때 그림그래프를 완성해 보세요.
🔗122쪽 유형8

19 6월부터 9월까지 중에서 강수량이 가장 많은 달은 몇 월인지 구해 보세요.
( )

20 이 해에 1월부터 12월까지 내린 연간 강수량이 1400 mm일 때 알맞은 말에 ○표 해 보세요.

우리나라는 (여름철 , 겨울철) 강수량이 많고, (장마 , 가뭄)가/이 있기 때문에 6월부터 9월까지의 강수량이 다른 달의 강수량에 비해 훨씬 더 (많습니다 , 적습니다).

6 단원

01~04 세현이네 반 학생들이 배우고 싶어 하는 악기를 조사했습니다. 물음에 답해 보세요.

학생들이 배우고 싶은 악기

| 첼로 | 장구 | 기타 | 드럼 |

01 조사한 것은 무엇인지 써 보세요.

( )

02 어떤 방법으로 조사한 것인지 찾아 기호를 써 보세요.

> ㉠ 직접 손 들기
> ㉡ 돌아다니며 묻기
> ㉢ 투표하기
> ㉣ 붙임 딱지 붙이기

( )

03 조사한 자료를 보고 표로 나타내어 보세요.

배우고 싶은 악기별 학생 수

악기	첼로	장구	기타	드럼	합계
학생 수 (명)					

04 배우고 싶은 학생이 5명인 악기는 무엇인지 구해 보세요.

( )

05~08 어느 해에 월별로 비 온 날수를 조사하여 나타낸 그림그래프입니다. 물음에 답해 보세요.

월별 비 온 날수

월	날수
4월	☂☂☂☂☂
5월	☂☂☂
6월	☂☂☂☂☂

☂ 5일
☂ 1일

05 5월에 비 온 날은 며칠인지 구해 보세요.

( )

06 4월부터 6월까지 중에서 비 온 날이 가장 많은 달은 몇 월인지 구해 보세요.

( )

07 4월에 비가 오지 않은 날은 며칠인지 구해 보세요.

( )

AI가 뽑은 정답률 낮은 문제

08 4월부터 6월까지 비 온 날은 모두 며칠인지 구해 보세요.

🔗119쪽
유형3

( )

09~11 정후가 가진 쌓기나무를 색깔별로 정리한 것입니다. 물음에 답해 보세요.

정후가 가진 쌓기나무

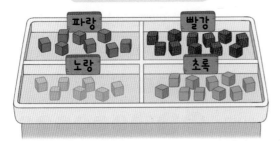

09 정후가 가진 쌓기나무를 색깔별로 정리하여 표로 나타내어 보세요.

색깔별 쌓기나무 수

색깔	파랑	빨강	노랑	초록	합계
쌓기나무 수(개)					

10 표를 보고 그림그래프로 나타내어 보세요.

색깔별 쌓기나무 수

색깔	쌓기나무 수
파랑	
빨강	
노랑	
초록	

■5개　□1개

11 가장 많은 쌓기나무의 색깔은 무엇인지 구해 보세요.

(　　　　　　　)

12~14 민우네 학교 학생들이 가고 싶은 나라를 조사하여 나타낸 표입니다. 물음에 답해 보세요.

가고 싶은 나라별 학생 수

나라	미국	일본	영국	합계
남학생 수(명)	57	44	23	124
여학생 수(명)	65	29	30	124

 AI가 뽑은 정답률 낮은 문제　　　✏서술형

12 표를 보고 알 수 있는 내용을 2가지 써 보세요.
🔗118쪽 유형2

답▶
_____
_____
_____

13 조사 대상을 나누지 않은 표로 나타내어 보세요.

가고 싶은 나라별 학생 수

나라	미국	일본	영국	합계
학생 수(명)				

14 위 13의 표를 보고 그림그래프로 나타내어 보세요.

가고 싶은 나라별 학생 수

나라	학생 수
미국	
일본	
영국	

☺100명　☺10명　☺1명

15~17 어느 공장에서 월별 자동차 생산량을 조사하여 나타낸 그림그래프입니다. 물음에 답해 보세요.

월별 자동차 생산량

월	생산량
1월	🚗🚗🚗🚙
2월	🚙🚙🚙🚙🚙🚙
3월	🚗🚙🚙🚙
4월	🚙🚙🚙🚙🚙🚙🚙

AI가 뽑은 정답률 낮은 문제

15 🔗120쪽 유형5

1월부터 4월까지 이 공장에서 생산한 자동차가 모두 840대라면 그림 🚗과 🚙은 각각 몇 대를 나타내는지 구해 보세요.

🚗 ( )
🚙 ( )

16 두 번째로 생산량이 많은 달에 생산한 자동차는 몇 대인지 구해 보세요.

( )

✏️서술형

17 생산량이 가장 많은 달과 가장 적은 달의 생산량의 차는 몇 대인지 풀이 과정을 쓰고 답을 구해 보세요.

풀이 ▶ _____

_____

_____

답 ▶ _____

18~20 어느 문구점에서 일별 판매한 구슬 수를 조사하여 나타낸 그림그래프입니다. 물음에 답해 보세요.

일별 판매한 구슬 수

일	판매한 구슬 수
10일	⚫⚫⚫
11일	⚫⚫⚫⚫⚫⚫⚫⚫
12일	
13일	⚫⚫⚫⚫⚫⚫⚫⚫

⚫10개 ⚫1개

18 12일에 판매한 구슬 수는 10일에 판매한 구슬 수의 2배입니다. 12일에 판매한 구슬은 몇 개인지 구해 보세요.

( )

AI가 뽑은 정답률 낮은 문제

19 🔗122쪽 유형7

판매한 구슬 수가 앞으로 어떻게 변할 것인지 예상해 보세요.

( )

AI가 뽑은 정답률 낮은 문제

20 🔗123쪽 유형9

구슬 1개의 가격이 80원일 때, 구슬을 가장 많이 판 날과 가장 적게 판 날의 판매 금액의 차는 얼마인지 구해 보세요.

( )

01~04 민정이네 반에서 반장 선거를 했습니다. 투표를 하고, 투표 용지에 적힌 이름을 세어서 칠판에 적었습니다. 물음에 답해 보세요.

01 조사한 대상은 누구인지 써 보세요.

( )

02 조사한 자료를 보고 표로 나타내어 보세요.

후보별 득표수

후보	민정	혁수	수오	합계
득표수 (표)				

03 민정이네 반 학생은 모두 몇 명인지 구해 보세요.

( )

04 반장으로 당선된 사람은 누구인지 이름을 써 보세요.

( )

05~08 은혁이네 학교 학생들이 좋아하는 동물을 조사하여 나타낸 그림그래프입니다. 물음에 답해 보세요.

좋아하는 동물별 학생 수

동물	학생 수
강아지	◎◎◎◎△△○○○
고양이	◎◎△△△△△○○
햄스터	◎○○○○○○
토끼	◎△△△△

◎100명 △10명 ○1명

05 그림 ◎, △, ○은 각각 몇 명을 나타내는지 써 보세요.

◎ ( )
△ ( )
○ ( )

06 고양이를 좋아하는 학생은 몇 명인지 구해 보세요.

( )

07 햄스터를 좋아하는 학생과 토끼를 좋아하는 학생은 모두 몇 명인지 구해 보세요.

( )

08 가장 많은 학생들이 좋아하는 동물은 무엇인지 구해 보세요.

( )

6
단원

[09~10] 어느 가게에서 맛별 아이스크림 판매량을 조사하여 나타낸 표입니다. 물음에 답해 보세요.

맛별 아이스크림 판매량

맛	딸기	바닐라	초코	합계
판매량 (개)	320	250		900

AI가 뽑은 정답률 낮은 문제

09 초코 맛 아이스크림 판매량은 몇 개인지 구하여 표를 완성해 보세요.

🔗 118쪽
유형 1

10 표를 보고 그림그래프로 나타내어 보세요.

맛별 아이스크림 판매량

맛	판매량
딸기	
바닐라	
초코	

🍦 100개
🍦 10개

11 표와 그림그래프에 대한 설명으로 틀린 것을 모두 찾아 기호를 써 보세요.

> ㉠ 표는 항목의 수의 크기를 비교할 수 없습니다.
> ㉡ 표는 합계를 바로 알 수 있습니다.
> ㉢ 그림그래프는 조사한 수를 한눈에 비교할 수 있습니다.
> ㉣ 그림그래프는 합계를 한눈에 알 수 있습니다.

( )

[12~14] 찬호네 학교 3학년 학생들의 반별 안경을 쓴 학생 수를 조사하여 나타낸 표입니다. 물음에 답해 보세요.

반별 안경을 쓴 학생 수

반	1반	2반	3반	4반	합계
학생 수 (명)	9	13	6	7	35

12 표를 보고 그림그래프로 나타낼 때 가장 알맞지 않은 그림을 찾아 ○표 해 보세요.

(🧍 , 👓 , ❤)

✏️ 서술형

13 표를 보고 그림그래프로 나타낼 때 그림의 단위를 몇 가지로 나타내면 좋을지 풀이 과정을 쓰고 답을 구해 보세요.

풀이 ▶

_____

_____

_____

답 ▶

_____

14 표를 보고 그림그래프로 나타내어 보세요.

반	학생 수
1반	
2반	
3반	
4반	

15~17 어느 김밥 가게에서 일주일 동안 팔린 종류별 김밥 수를 조사하여 나타낸 표와 그림그래프입니다. 물음에 답해 보세요.

일주일 동안 팔린 종류별 김밥 수

종류	참치	멸치	김치	치즈	합계
김밥 수 (줄)				170	810

일주일 동안 팔린 종류별 김밥 수

종류	김밥 수
참치	
멸치	🍙🍙🍙🍙🍙
김치	🍙🍙🍙🍙🍙🍙🍙
치즈	

🍙100줄 🍣10줄

⚡ **AI**가 **뽑은** 정답률 낮은 **문제**
15 표와 그림그래프를 각각 완성해 보세요.

🔗120쪽 유형4

16 일주일 동안 가장 많이 팔린 김밥은 무엇인지 구해 보세요.

( )

⚡ **AI**가 **뽑은** 정답률 낮은 **문제**   ✏️서술형
17 다음 주에는 김밥 가게에서 어떤 재료를 어떻게 준비하면 좋을지 쓰고, 그 이유를 설명해 보세요.

🔗122쪽 유형7

답▶
_____

_____

_____

18~20 혜인이네 학교 3학년 학생 98명이 태어난 계절을 조사하여 나타낸 그림그래프입니다. 물음에 답해 보세요.

태어난 계절별 학생 수

계절	학생 수
봄	😊😊☺☺☺
여름	
가을	😊☺☺☺☺☺☺☺☺
겨울	

😊10명 ☺1명

⚡ **AI**가 **뽑은** 정답률 낮은 **문제**
18 여름에 태어난 학생이 겨울에 태어난 학생보다 6명 더 많을 때 그림그래프를 완성해 보세요.

🔗122쪽 유형8

19 태어난 학생이 많은 계절부터 차례대로 써 보세요.

( )

⚡ **AI**가 **뽑은** 정답률 낮은 **문제**
20 5명을 나타내는 그림(☺)을 추가하여 그림그래프를 다시 그리려고 합니다. 5명을 나타내는 그림(☺)은 모두 몇 개 필요한지 구해 보세요.

🔗121쪽 유형6

( )

6단원

유형 1 · 1회 13번 · 4회 9번 표 완성하기

은영이네 학교 3학년의 학급 문고 수를 조사하여 나타낸 표입니다. 표를 완성해 보세요.

반별 학급 문고 수

반	1반	2반	3반	합계
학급 문고 수(권)	51	48		155

❶Tip 합계에서 다른 항목의 수를 빼면 빈칸에 알맞은 수를 구할 수 있어요.

1-1 현수네 집의 신발장에 있는 신발의 종류를 조사하여 나타낸 표입니다. 표를 완성해 보세요.

종류별 신발 수

종류	운동화	슬리퍼	구두	장화	합계
신발 수(켤레)	11	2		3	22

1-2 민희네 학교 학생들이 배우고 싶은 전통 악기를 조사하여 나타낸 표입니다. 가장 많은 학생들이 배우고 싶은 악기는 무엇인지 구해 보세요.

배우고 싶은 전통 악기별 학생 수

악기	꽹과리	징	장구	북	합계
학생 수(명)	144	62		108	460

( )

유형 2 · 2회 8번 · 3회 12번 조사 대상을 나눈 표 알아보기

재우네 반 학생들이 좋아하는 운동을 조사한 자료를 보고 표로 나타내어 보세요.

학생들이 좋아하는 운동

달리기	축구	탁구	농구

● 남학생 ● 여학생

좋아하는 운동별 학생 수

운동	달리기	축구	탁구	농구	합계
남학생 수(명)					
여학생 수(명)					

❶Tip 운동별 조사 대상을 남학생과 여학생으로 나누어 세어 표로 나타내요.

2-1 지연이네 학교 학생들이 받고 싶은 선물을 조사하여 나타낸 표입니다. 옷을 선물로 받고 싶은 남학생은 여학생보다 몇 명 더 많은지 구해 보세요.

받고 싶은 선물별 학생 수

선물	게임기	옷	책	가방	합계
남학생 수(명)	110		54	39	292
여학생 수(명)	98	87	66	45	296

( )

2-2 어느 음식점에서 일주일 동안 판 음식 수를 조사하여 나타낸 표입니다. 표를 보고 설명이 틀린 것을 찾아 기호를 써 보세요.

음식별 판 그릇 수

음식	불고기	돈가스	갈비탕	만둣국	합계
어른(그릇)	62	49	43	46	200
어린이(그릇)	48	55	30	42	175

⊙ 어린이보다 어른에게 판 음식이 더 많습니다.

ⓒ 어른보다 어린이에게 더 많이 판 음식은 만둣국입니다.

ⓒ 가장 적게 판 음식은 갈비탕입니다.

(   )

유형 3   📎 1회 11번   📎 2회 4번   📎 3회 8번
그림그래프를 보고 합 구하기

목장별 기르는 소의 수를 조사하여 나타낸 그림그래프입니다. 가, 나, 다 세 목장에서 기르는 소는 모두 몇 마리인지 구해 보세요.

목장별 기르는 소의 수

목장	소의 수
가	🐄🐄🐄🐄🐄
나	🐄🐄🐄
다	🐄🐄🐄🐄🐄

🐄100마리 🐄10마리

(   )

❶Tip 큰 그림과 작은 그림이 각각 모두 몇 개인지 구하여 합을 구해요.

3-1 어느 가게의 월별 자전거 판매량을 조사하여 나타낸 그림그래프입니다. 이 가게에서 2월부터 5월까지 판매한 자전거는 모두 몇 대인지 구해 보세요.

월별 자전거 판매량

월	판매량
2월	🚲🚲🚲🚲🚲🚲
3월	🚲🚲🚲🚲🚲🚲🚲🚲
4월	🚲🚲🚲🚲🚲🚲🚲🚲🚲
5월	🚲🚲🚲🚲🚲🚲🚲

🚲10대 🚲1대

(   )

3-2 지은이네 학교의 학년별 학생 수를 조사하여 나타낸 그림그래프입니다. 1, 2, 3학년 학생 한 명에게 공책을 3권씩 나누어 주려면 필요한 공책은 모두 몇 권인지 구해 보세요.

학년별 학생 수

학년	학생 수
1학년	😊😊😊😊😊😊😊
2학년	😊😊😊😊😊
3학년	😊😊😊😊😊😊😊

😊100명 😊10명 😊1명

(   )

119

유형 **4** **표와 그림그래프 완성하기**

2회 15번 4회 15번

민호네 모둠의 학생별 줄넘기 횟수를 조사하여 나타낸 표와 그림그래프를 각각 완성해 보세요.

학생별 줄넘기 횟수

이름	민호	예준	혜경	합계
횟수(회)		55	60	

학생별 줄넘기 횟수

이름	횟수
민호	🎀🎀🎀🎀🎀🎀
예준	
혜경	

🎀 10회
🎀 5회

❶Tip 표에 적힌 수를 그림그래프에 그림으로 나타내고, 그림그래프에 나타낸 그림을 표에 수로 나타내요.

4-1 농장별 고구마 생산량을 조사하여 나타낸 표와 그림그래프를 각각 완성해 보세요.

농장별 고구마 생산량

농장	가	나	다	합계
생산량(kg)	150			

농장별 고구마 생산량

농장	생산량
가	
나	🍠🍠🍠🍠🍠
다	🍠🍠🍠🍠🍠🍠

🍠 100 kg 🍠 10 kg

4-2 은미네 모둠이 모은 우표 수를 조사하여 나타낸 표와 그림그래프를 각각 완성해 보세요.

학생별 모은 우표 수

이름	은미	서준	지안	도윤	합계
우표 수(장)		19			108

학생별 모은 우표 수

이름	우표 수
은미	◎◎○○○○
서준	
지안	◎◎◎◎○○
도윤	

◎ 10장 ○ 1장

유형 **5** **그림이 나타내는 수량 구하기**

1회 19번 3회 15번

세희네 모둠 학생들이 접은 종이학 수를 조사하여 나타낸 그림그래프입니다. 접은 종이학 수가 모두 98개라면 그림 🕊과 🕊은 각각 몇 개를 나타내는지 차례대로 써 보세요.

학생들이 접은 종이학 수

이름	종이학 수
세희	🕊🕊🕊🕊🕊🕊🕊
민수	🕊🕊🕊🕊
시아	🕊🕊🕊🕊🕊

(,   )

❶Tip 큰 그림과 작은 그림의 수를 각각 센 후 전체 종이학의 수인 98과 비교해요.

5-1 어느 지역의 병원 수를 조사하여 나타낸 그림그래프입니다. 가 지역의 병원이 280개일 때 다 지역의 병원은 몇 개인지 구해 보세요.

지역별 병원 수

지역	병원 수
가	✚✚✚✚✚✚✚✚✚✚
나	✚✚✚✚✚✚✚✚✚✚
다	✚✚✚✚✚✚✚

(   )

**⟨1회 17번 ⟨2회 17번 ⟨4회 20번

유형 6 단위를 바꾸어 나타내기

어느 아파트에서 동별 모은 헌 옷의 무게를 조사하여 나타낸 그림그래프입니다. 그림의 단위를 3개로 바꾸어 나타내어 보세요.

동별 모은 헌 옷의 무게

동	헌 옷의 무게
1동	👕👕👕👕👕👕
2동	👕👕👕👕
3동	👕👕👕👕👕👕👕👕

👕 10 kg
👕 1 kg

동별 모은 헌 옷의 무게

동	헌 옷의 무게
1동	
2동	
3동	

👕 10 kg
👕 5 kg
👕 1 kg

❶Tip 큰 단위로 바꾸어 나타내면 그림의 수가 적어지고, 작은 단위로 바꾸어 나타내면 그림의 수가 많아져요.

6-1 어느 음료 가게에서 하루에 팔린 종류별 음료수의 수를 조사하여 나타낸 그림그래프입니다. 그림의 단위를 2개로 바꾸어 나타내고 두 그림그래프의 각각의 장점을 써 보세요.

종류별 팔린 음료수의 수

종류	음료수의 수
커피	🥤🥤🥤🥤🥤🥤🥤
주스	🥤🥤🥤🥤🥤
차	🥤🥤
탄산음료	🥤🥤🥤🥤

🥤100잔 🥤50잔 🥤10잔

⬇

종류별 팔린 음료수의 수

종류	음료수의 수
커피	
주스	
차	
탄산음료	

6
단원

∥ 3회 19번 ∥ 4회 17번

유형 7 **그림그래프를 해석하여 예상하기**

어느 가게에서 일주일 동안 팔린 종류별 우유 수를 조사하여 나타낸 그림그래프입니다. 다음 주에 가장 많이 준비해야 할 우유는 무엇인지 구해 보세요.

종류별 팔린 우유 수

종류	팔린 우유 수
흰	🥛🥛🥛🥛🥛
초코	🥛🥛🥛🥛🥛🥛🥛
딸기	🥛🥛🥛🥛🥛🥛

🥛100개 🥛10개

(   )

❶Tip 팔린 우유의 수를 비교하여 가장 많이 준비해야 할 우유를 예상해요.

7 -1 범석이네 학교에서 체험 학습으로 가고 싶은 장소별 학생 수를 조사하여 나타낸 그림그래프입니다. 체험 학습 장소를 어디로 정하면 좋을지 쓰고, 그 이유를 써 보세요.

가고 싶은 장소별 학생 수

장소	학생 수
동물원	☺☺☺☺☺☺☺☺
식물원	☺☺☺☺☺☺☺☺
궁	☺☺☺☺☺☺☺☺
박물관	☺☺☺☺☺☺☺

☺100명 ☺10명 ☺1명

(   )

이유 ▶

7 -2 어느 지역의 연도별 관광객 수를 조사하여 나타낸 그림그래프입니다. 그림그래프를 보고 앞으로 관광객 수가 어떻게 변할지 예상해 보세요.

연도별 관광객 수

연도	관광객 수
2020년	☺☺☺☺☺☺☺
2021년	☺☺☺☺☺☺☺
2022년	☺☺☺☺☺☺☺
2023년	☺☺☺☺☺☺☺☺

☺1000명 ☺100명

(   )

∥ 1회 16번 ∥ 2회 18번 ∥ 4회 18번

유형 8 **그림그래프 완성하기**

어느 과일 가게에서 판매하고 있는 과일을 조사하여 나타낸 그림그래프입니다. 사과가 배보다 50개 더 많을 때 그림그래프를 완성해 보세요.

종류별 과일 수

종류	과일 수
복숭아	○○△○○○
사과	
배	○△△△△△○○
감	○△△△○○○○

○100개 △10개 ○1개

❶Tip 먼저 배의 수를 구해요.

8-1 마을별 자동차 수를 조사하여 나타낸 그림그래프입니다. 꿈 마을의 자동차 수는 미래 마을의 자동차 수의 $\frac{5}{8}$일 때 그림그래프를 완성해 보세요.

마을별 자동차 수

마을	자동차 수
장미	🚗🚗🚗🚗🚗🚗
백합	🚗🚗🚗🚗🚗🚗
미래	🚗🚗🚗🚗
꿈	

🚗100대 🚗10대

8-2 소화기가 모두 156개 있는 4층짜리 건물의 층별 소화기 수를 조사하여 나타낸 그림그래프입니다. 3층에 있는 소화기 수가 2층에 있는 소화기 수보다 2개 더 많을 때 그림그래프를 완성해 보세요.

층별 소화기 수

층	소화기 수
1층	🧯🧯🧯🧯🧯🧯🧯🧯
2층	
3층	
4층	🧯🧯🧯🧯🧯🧯

🧯10개 🧯1개

🔗 1회 20번 🔗 3회 20번

유형 9   금액 구하기

어느 공장에서 월별 소금 판매량을 조사하여 나타낸 그림그래프입니다. 소금을 10 kg씩 포장하여 5만 원에 팔았다면 1월부터 3월까지 이 공장의 소금 판매 금액은 모두 얼마인지 구해 보세요.

월별 소금 판매량

월	판매량
1월	🧂🧂🧂🧂🧂🧂
2월	🧂🧂🧂🧂🧂🧂🧂
3월	🧂🧂🧂🧂🧂🧂

🧂100 kg 🧂10 kg

(   )

❶Tip 먼저 판매량의 합계가 10씩 몇 묶음인지 구해요.

9-1 어느 가게에서 일별 판매한 사탕 수를 조사하여 나타낸 그림그래프입니다. 12일에 판매한 사탕 금액이 1200원일 때 12일부터 15일까지 사탕 판매 금액은 모두 얼마인지 구해 보세요.

일별 판매한 사탕 수

일	판매한 사탕 수
12일	🍬🍬🍬🍬🍬
13일	🍬🍬🍬🍬🍬🍬
14일	🍬🍬🍬🍬🍬🍬🍬🍬
15일	🍬🍬🍬🍬🍬🍬🍬🍬

🍬10개 🍬1개

(   )

6
단원

MEMO

아이와 평생
함께할 습관을
만듭니다.

아이스크림 홈런 2.0
공부를 좋아하는 습관

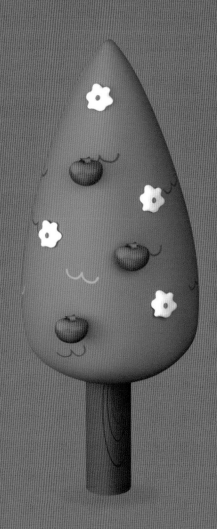

기본을 단단하게
나만의 속도로
무엇보다 재미있게

아이스크림 더 실전

정답 및 풀이

수학

3-2

i-Scream edu

정답 및 풀이

01 248	02 (위에서부터) 2, 60, 868	
03 1800	04 ㉠	05 512
06 2793	07 ④	08 1376
09 ㉢	10 888, 1288, 1984	
11 풀이 참고	12 345	13 2100대
14 966 m	15 76	16 사과, 38개
17 풀이 참고, 2380 m		18 1128
19 8991	20 2시간 51분	

03 (몇십)×(몇십)은 (몇)×(몇)의 곱에 0을 2개 붙입니다.

04 ㉠ 48=40+8이므로 40×50과 8×50을 각각 계산한 다음 더합니다.
㉡ (몇십몇)×(몇십)은 (몇십몇)×(몇)의 곱에 0을 1개 더 붙이면 되므로 48×5를 계산한 다음 0을 1개 붙입니다.

06 931씩 3번 뛰어 세었으므로 □ 안에 알맞은 수는 931×3=2793입니다.

07
① 333×3=999
② 132×4=528
③ 222×5=1110
④ 123×6=738
⑤ 108×7=756

➜ 올림이 ①은 0번, ②는 1번, ③은 3번, ④는 2번, ⑤는 1번 있습니다.

08 사각형 안에 쓰여 있는 수는 43, 32입니다.
➜ 43×32=1376

09 ㉠ 121×4=484
㉡ 18×19=342
㉢ 27×12=324
324<342<484이므로 계산 결과가 가장 작은 것은 ㉢입니다.

10 111×8=888, 161×8=1288, 248×8=1984

11 예 5×30=150이므로 자릿수를 잘못하여 더했습니다.❶

$$\begin{array}{r} 5 \\ \times\ 3\ 9 \\ \hline 4\ 5 \\ 1\ 5\ 0 \\ \hline 1\ 9\ 5 \end{array}$$ ❷

채점 기준	
❶ 잘못 계산한 이유 쓰기	2점
❷ 바르게 계산하기	3점

12 10이 1개, 1이 5개인 수는 15이고 1이 23개인 수는 23이므로 15×23=345입니다.

13 (30시간 동안 만들 수 있는 자동차 수)
=(한 시간 동안 만들 수 있는 자동차 수)×30
=70×30=2100(대)

14 (현아가 걸은 거리)
=(현아네 집에서 학교까지의 거리)×2
=483×2=966(m)

15
38×58=29×□ ➜ □=38×2=76

16 사과는 28×26=728(개) 있고, 배는 15×46=690(개) 있습니다.
따라서 사과가 728-690=38(개) 더 많습니다.

17 예 소리가 1초에 가는 거리에 들릴 때까지 걸린 시간을 곱하면 되므로 340×7을 계산하면 됩니다.❶
따라서 천둥이 친 곳까지의 거리는 340×7=2380(m)입니다.❷

채점 기준	
❶ 문제에 알맞은 식 만들기	2점
❷ 천둥이 친 곳까지의 거리 구하기	3점

18 어떤 수를 □라 하면 □+47=71이므로 □=71-47=24입니다.
따라서 바르게 계산하면 24×47=1128입니다.

19 가장 큰 세 자리 수는 999이고, 가장 큰 한 자리 수는 9이므로 999×9=8991입니다.

20 통나무를 20도막으로 자르려면 20-1=19(번) 잘라야 합니다.
따라서 통나무를 20도막으로 자르는 데에 걸리는 시간은 9×19=171(분) ➜ 2시간 51분입니다.

정답 및 풀이

01 (왼쪽에서부터) 600, 90, 3, 693
02 34×40=1360
03 5, 70, 35, 105   **04** 4375
05 7380   **06** ④   **07** <
08 468, 742, 912   **09** 966
10 848   **11** 민우   **12** 897
13 풀이 참고, 2500원   **14** 1050 cm
15 9   **16** 풀이 참고, 3920원
17 은진, 7자   **18** 1643   **19** 330개
20 3794

03 파란색 모눈(십의 자리)과 빨간색 모눈(일의 자리)으로 나누어 전체 모눈의 수를 구합니다.

05 82×90=7380

06 40×9=360의 백의 자리 숫자 3을 작게 나타낸 것이므로 ③이 실제로 나타내는 값은 300입니다.

07 37×21=777, 19×42=798이므로 37×21<19×42입니다.

08 234×2=468, 371×2=742, 456×2=912

09 화살표가 가리키는 수는 42이므로 42×23=966입니다.

10 100이 2개이면 200, 10이 1개이면 10, 1이 2개이면 2이므로 212입니다.
따라서 212를 4배 한 수는 212×4=848입니다.

11 • 혜원: 40×70=2800
• 희찬: 60×60=3600
• 민우: 84×40=3360
따라서 계산 결과가 3000보다 크고 3500보다 작은 곱셈식을 만든 사람은 민우입니다.

12 ㉠ 26×43=1118   ㉡ 17×13=221
➡ 1118-221=897

13 예) 동전 한 개의 값에 모은 동전의 수를 곱하면 되므로 50×50을 계산하면 됩니다.」❶
따라서 준석이가 모은 돈은 모두
50×50=2500(원)입니다.」❷

채점 기준	
❶ 문제에 알맞은 식 만들기	2점
❷ 준석이가 모은 돈은 모두 얼마인지 구하기	3점

14 빨간색 선의 길이는 정사각형의 한 변의 길이의 6배이므로 175×6=1050(cm)입니다.

15
$$\begin{array}{r} \square \\ \times\ 3\ 6 \\ \hline 3\ 2\ 4 \end{array}$$
□×6의 일의 자리 숫자가 4이므로 □=4 또는 □=9입니다.
4×36=144(×), 9×36=324(○)이므로 □=9입니다.

16 예) 정인이가 산 자의 가격은 500×3=1500(원), 연필의 가격은 380×4=1520(원), 지우개의 가격은 450×2=900(원)입니다.」❶
따라서 정인이가 내야 할 돈은
1500+1520+900=3920(원)입니다.」❷

채점 기준	
❶ 정인이가 산 각각의 물건 가격 구하기	3점
❷ 정인이가 내야 할 돈 구하기	2점

17 한자를 성훈이는 7×47=329(자) 배웠고, 은진이는 6×56=336(자) 배웠습니다.
따라서 은진이가 336-329=7(자) 더 많이 배웠습니다.

18 어떤 수를 □라 하면 □÷31=53입니다.
곱셈과 나눗셈의 관계를 이용하면
□=53×31=1643입니다.

참고) 곱셈과 나눗셈의 관계

■÷▲=●
●×▲=■

19

19
9
12
㉠
㉢
12
㉡
14
12
15

• ㉠ 부분의 모눈의 수: 19×12=228(개)
• ㉡ 부분의 모눈의 수: 15×14=210(개)
• ㉢ 부분의 모눈의 수: 12×9=108(개)
➡ (모눈의 수)=㉠+㉡-㉢
=228+210-108=330(개)

20 계산 결과가 가장 커야 하므로 곱하는 수는 가장 큰 수인 7로 하고, 곱해지는 수는 나머지 3개의 수로 만들 수 있는 가장 큰 수인 542로 합니다.
따라서 542×7=3794입니다.

01 312, 3, 936	02 350
03 195	04 728	05 1379
06 (위에서부터) 2573, 3818	07 6, 60
08 ㉡	09 1468
10 (왼쪽에서부터) 782, 1344, 1207	
11 ( ) (○) ( )	
12 풀이 참고, 114	13 396 cm
14 4500번	15 57
16 11시간 40분	
17 풀이 참고, 1704권	18 704개
19 578 m	20 7470

07 8×8=64의 십의 자리 숫자 6을 작게 나타낸 것이므로 실제로 나타내는 값은 60입니다.

08 ㉠ 2×96=192(<200)
㉡ 3×68=204(>200)
㉢ 4×49=196(<200)

09 가장 큰 수는 734이고, 가장 작은 수는 2입니다.
➡ 734×2=1468

10
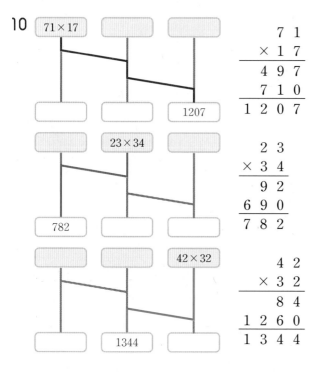

11 484×2=968, 274×4=1096, 121×8=968
이므로 계산 결과가 다른 것은 274×4입니다.

12 예 곱셈과 나눗셈의 관계를 이용하면 □÷19=6
을 6×19=□로 바꿀 수 있습니다. ❶
따라서 □=6×19=114입니다. ❷

채점 기준	
❶ 곱셈과 나눗셈의 관계를 이용하여 나눗셈식을 곱셈식으로 바꾸기	2점
❷ □ 안에 알맞은 수 구하기	3점

13 (은행나무의 키)=(수영이의 키)×3
=132×3=396(cm)

14 1시간=60분이므로 1시간 동안 유진이의 심장은
75×60=4500(번) 뜁니다.

15
3배
27×□=19×81 ➡ □=19×3=57
3배

16 7월은 월요일이 4일, 수요일이 5일, 금요일이 5일
있으므로 한 달 동안 태권도를 모두
4+5+5=14(일) 동안 했습니다.
따라서 7월 한 달 동안 태권도를 한 시간은 모두
50×14=700(분) ➡ 11시간 40분입니다.

17 예 진서네 학교의 전체 학생 수는 모두
146+138=284(명)입니다. ❶
따라서 필요한 공책은 모두
284×6=1704(권)입니다. ❷

채점 기준	
❶ 진서네 학교의 전체 학생 수 구하기	2점
❷ 필요한 공책의 수 구하기	3점

18 (벽면 2곳에 붙인 타일의 수)
=(벽면 1곳에 붙인 타일의 수)×2
=22×16×2=352×2=704(개)

19 가로등을 35개 세웠으므로 가로등 사이의 간격의
수는 35−1=34(군데)입니다. 따라서 도로의 전
체 길이는 17×34=578(m)입니다.
참고 가로등 사이의 간격의 수는 가로등의 수보다
1 작습니다.

20 가장 큰 (두 자리 수)×(두 자리 수)의 곱셈식을 만
들려면 높은 자리에 큰 수를 놓아야 합니다.
80×93=7440, 83×90=7470이므로 계산 결
과가 가장 큰 곱은 7470입니다.
참고 한 자리 수의 크기가 ㉠>㉡>㉢>㉣일 때
계산 결과가 가장 큰 (두 자리 수)×(두 자리 수)를
만드는 방법은 ㉠㉣×㉡㉢을 계산하는 것입니다.

01 639, 639 **02** ③

03
$$\begin{array}{r} 2\ 2\ 1 \\ \times\quad\quad 4 \\ \hline 4 \\ 8\ 0 \\ 8\ 0\ 0 \\ \hline 8\ 8\ 4 \end{array}$$

04 6, 696

05 2501

06 ✕ (선 잇기)

07 3220, >, 3192

08
$$\begin{array}{r} 7\ 4 \\ \times\ 9\ 6 \\ \hline 4\ 4\ 4 \\ 6\ 6\ 6\ 0 \\ \hline 7\ 1\ 0\ 4 \end{array}$$

09 ㉢, ㉡, ㉣, ㉠ **10** 3552

11 50 **12** 104쪽

13 풀이 참고, 420 cm **14** 9

15 267개 **16** 68 **17** 408

18 5 **19** 풀이 참고, 1083

20 27, 28

02
$$\begin{array}{r} 8\ 0 \\ \times\ 4\ 0 \\ \hline 3\ 2\ 0\ 0 \end{array}$$

07
$$\begin{array}{r} 9\ 2 \\ \times\ 3\ 5 \\ \hline 4\ 6\ 0 \\ 2\ 7\ 6\ 0 \\ \hline 3\ 2\ 2\ 0 \end{array} \quad > \quad \begin{array}{r} 5\ 6 \\ \times\ 5\ 7 \\ \hline 3\ 9\ 2 \\ 2\ 8\ 0\ 0 \\ \hline 3\ 1\ 9\ 2 \end{array}$$

08 올림한 수를 더하여 계산하지 않았으므로 올림한 수를 더하여 계산합니다.

09 ㉠ $432 \times 2 = 864$ ㉡ $259 \times 5 = 1295$
㉢ $188 \times 7 = 1316$ ㉣ $17 \times 67 = 1139$
$1316 > 1295 > 1139 > 864$이므로 계산 결과가 큰 것부터 차례대로 기호를 쓰면 ㉢, ㉡, ㉣, ㉠ 입니다.

10 $6 \times 74 \times 8 = 444 \times 8 = 3552$

11 계산 결과가 4500이므로 90에 몇십을 곱한 것입니다.
$9 \times 5 = 45$이므로 □=50입니다.

12 (13일 동안 읽은 과학책 쪽수)
$=$(하루에 읽은 과학책 쪽수)$\times 13$
$= 8 \times 13 = 104$(쪽)

13 예 정사각형은 네 변의 길이가 같으므로 105×4 를 계산하면 됩니다. ❶
따라서 정사각형의 네 변의 길이의 합은
$105 \times 4 = 420$(cm)입니다. ❷

채점 기준	
❶ 문제에 알맞은 식 만들기	2점
❷ 정사각형의 네 변의 길이의 합 구하기	3점

14
$$\begin{array}{r} 5\ 7\ 2 \\ \times\quad \square \\ \hline 5\ 1\ 4\ 8 \end{array}$$
$2 \times \square$의 일의 자리 숫자가 8이므로
□=4 또는 □=9입니다.
$572 \times 4 = 2288$(✕),
$572 \times 9 = 5148$(○)이므로
□=9입니다.

15 상현이네 학교 3학년 학생은 모두
$23 + 22 + 23 + 21 = 89$(명)입니다.
따라서 필요한 콩주머니는 모두
$3 \times 89 = 267$(개)입니다.

16 36씩 12번 뛰어 세면 $36 \times 12 = 432$가 커집니다.
따라서 어떤 수에서 432만큼 더 큰 수가 500이므로 어떤 수는 $500 - 432 = 68$입니다.

17 수 카드 3장으로 만들 수 있는 가장 작은 세 자리 수는 102입니다.
➔ $102 \times 4 = 408$

18 $300 \times 4 = 1200$, $300 \times 5 = 1500 \cdots\cdots$이므로 □ 안에 5부터 수를 써넣어 봅니다.
$286 \times 5 = 1430(< 1700)$,
$286 \times 6 = 1716(> 1700)$이므로 □ 안에 들어갈 수 있는 수 중에서 가장 큰 수는 5입니다.

19 예 ♥ 왼쪽의 수에 ♥ 오른쪽의 수를 2번 곱하면 되므로 3♥19는 $3 \times 19 \times 19$를 계산하면 됩니다. ❶
따라서 3♥19$= 3 \times 19 \times 19 = 57 \times 19 = 1083$ 입니다. ❷

채점 기준	
❶ 약속한 기호에 맞게 계산식 만들기	2점
❷ 3♥19 계산하기	3점

20 $20 \times 20 = 400$, $30 \times 30 = 900$이므로 연속한 두 수는 십의 자리 숫자가 2인 두 자리 수입니다.
두 수의 곱의 일의 자리 숫자가 6이므로 연속한 두 수의 일의 자리 숫자가 될 수 있는 경우는 2와 3 또는 6과 7입니다.
• $22 \times 23 = 506$(✕)
• $27 \times 28 = 756$(○)

유형1 888	1-1 695	1-2 832
1-3 358	유형2 ㉠	2-1 ㉢
2-2 ②	2-3 ㉣, ㉠, ㉡, ㉢	
유형3 824	3-1 1910	3-2 2926
3-3 5778	유형4 896 cm	
4-1 792 cm	4-2 666 cm	
유형5 546	5-1 1001	5-2 2432
5-3 470	유형6 960개	6-1 3600초
6-2 288 mm		6-3 1190번
유형7 80	7-1 9	7-2 76
7-3 26, 52	유형8 6	8-1 3
8-2 (위에서부터) 8, 6		8-3 6
유형9 5, 6, 7	9-1 4개	9-2 2441
9-3 3개	유형10 770 m	10-1 756 m
10-2 505 cm	유형11 1482	11-1 468
11-2 4704	11-3 966	유형12 5056
12-1 914	12-2 906	12-3 312

유형1 222씩 4번 뛰어 세었으므로 ☐ 안에 알맞은 수는 $222 \times 4 = 888$입니다.

1-1 139씩 5번 뛰어 세었으므로 ☐ 안에 알맞은 수는 $139 \times 5 = 695$입니다.

1-2 13에서 시작하여 273씩 3번 뛰어 세었으므로 ☐ 안에 알맞은 수는 13보다 $273 \times 3 = 819$만큼 더 큰 $13 + 819 = 832$입니다.

1-3 6에서 시작하여 16씩 22번 뛰어 센 수는 6보다 $16 \times 22 = 352$만큼 더 큰 수이므로 $6 + 352 = 358$입니다.

유형2 ㉠ $6 \times 84 = 504$
㉡ $7 \times 76 = 532$
㉢ $8 \times 65 = 520$
$504 < 520 < 532$이므로 계산 결과가 가장 작은 것은 ㉠입니다.

2-1 ㉠ $52 \times 14 = 728$
㉡ $34 \times 32 = 1088$
㉢ $27 \times 41 = 1107$
$1107 > 1088 > 728$이므로 계산 결과가 가장 큰 것은 ㉢입니다.

2-2 ① $912 \times 4 = 3648$ ② $722 \times 5 = 3610$
③ $609 \times 6 = 3654$ ④ $544 \times 7 = 3808$
⑤ $489 \times 8 = 3912$
$3610 < 3648 < 3654 < 3808 < 3912$이므로 계산 결과가 가장 작은 곱셈식은 ②입니다.

2-3 ㉠ $54 \times 64 = 3456$ ㉡ $29 \times 99 = 2871$
㉢ $39 \times 70 = 2730$ ㉣ $81 \times 43 = 3483$
$3483 > 3456 > 2871 > 2730$이므로 계산 결과가 큰 것부터 차례로 쓰면 ㉣, ㉠, ㉡, ㉢입니다.

유형3 100이 4개이면 400, 10이 1개이면 10, 1이 2개이면 2이므로 412입니다.
따라서 412를 2배 한 수는 $412 \times 2 = 824$입니다.

3-1 100이 3개이면 300, 10이 8개이면 80, 1이 2개이면 2이므로 382입니다.
따라서 382를 5배 한 수는
$382 \times 5 = 1910$입니다.

3-2 100이 4개이면 400, 1이 18개이면 18이므로 418입니다.
따라서 418을 7배 한 수는
$418 \times 7 = 2926$입니다.

3-3 1이 214개인 수는 214이므로 214를 3배 한 수는 $214 \times 3 = 642$입니다.
따라서 642를 9배 한 수는
$642 \times 9 = 5778$입니다.

유형4 빨간색 선의 길이는 정사각형의 한 변의 길이의 8배이므로 $112 \times 8 = 896$(cm)입니다.

4-1 빨간색 선의 길이는 작은 정사각형의 한 변의 길이의 12배이므로 $66 \times 12 = 792$(cm)입니다.

4-2 빨간색 선의 길이는 정사각형의 한 변의 길이의 18배이므로 $37 \times 18 = 666$(cm)입니다.

유형5 곱셈과 나눗셈의 관계를 이용하면
☐ $\div 13 = 42$ ➡ $42 \times 13 =$ ☐입니다.
따라서 ☐ $= 42 \times 13 = 546$입니다.

5-1 곱셈과 나눗셈의 관계를 이용하면
☐ $\div 7 = 143$ ➡ $143 \times 7 =$ ☐입니다.
따라서 ☐ $= 143 \times 7 = 1001$입니다.

정답 및 풀이

5-2 곱셈과 나눗셈의 관계를 이용하면

$\square \div 64 = 38$ ➡ $38 \times 64 = \square$입니다.

따라서 $\square = 38 \times 64 = 2432$입니다.

5-3 어떤 수를 $\square$라 하고, 곱셈과 나눗셈의 관계를 이용하면

$\square \div 94 = 5$ ➡ $5 \times 94 = \square$입니다.

따라서 $\square = 5 \times 94 = 470$입니다.

유형6 1분=60초이므로 1분 동안 장난감을 $16 \times 60 = 960$(개) 만들 수 있습니다.

6-1 1시간=60분, 1분=60초이므로 1시간은 $60 \times 60 = 3600$(초)입니다.

6-2 하루는 24시간이므로 하루에 내린 비의 양은 $12 \times 24 = 288$(mm)입니다.

6-3 2주일=14일이므로 현애가 줄넘기한 횟수는 모두 $85 \times 14 = 1190$(번)입니다.

유형7

$$34 \times 40 = 17 \times \square \ \Rightarrow\ \square = 40 \times 2 = 80$$
(2배, 2배)

7-1

$$\square \times 82 = 41 \times 18 \ \Rightarrow\ \square = 18 \div 2 = 9$$
(2배, 2배)

7-2

$$18 \times \square = 19 \times 72 \ \Rightarrow\ \square = 19 \times 4 = 76$$
(4배, 4배)

7-3

$$64 \times 13 = 32 \times \square \ \Rightarrow\ \square = 13 \times 2 = 26$$
(2배, 2배)

$$64 \times 13 = 16 \times \square \ \Rightarrow\ \square = 13 \times 4 = 52$$
(4배, 4배)

유형8

$$\begin{array}{r} 3\ \square\ 2 \\ \times \qquad 7 \\ \hline 2\ 5\ 3\ 4 \end{array}$$

• $2 \times 7 = 14$이므로 10을 십의 자리로 올림합니다.

• $\square \times 7$에 올림한 1을 더하면 3이 되므로 $\square \times 7$의 일의 자리 숫자는 2입니다. $6 \times 7 = 42$이므로 $\square = 6$입니다.

8-1

$$\begin{array}{r} 6 \\ \times\ ㉠\ 8 \\ \hline 4\ 8 \\ ㉡\ ㉢\ ㉣ \\ \hline 2\ 2\ 8 \end{array}$$

• $㉡㉢㉣ = 228 - 48 = 180$
• $6 \times ㉠0 = 180$이므로 $㉠ = 3$입니다.

8-2

$$\begin{array}{r} 1\ 3 \\ \times\ 2\ ㉠ \\ \hline 3\ ㉡\ 4 \end{array}$$

• $3 \times ㉠$의 일의 자리 숫자가 4이므로 $㉠ = 8$입니다.
• $13 \times 28 = 364$이므로 $㉡ = 6$입니다.

8-3 같은 수를 곱해서 일의 자리 숫자가 같은 경우는 $1 \times 1 = 1$, $5 \times 5 = 25$, $6 \times 6 = 36$이므로 ●는 1, 5, 6 중 하나입니다.

• $111 \times 1 = 111(\times)$
• $555 \times 5 = 2775(\times)$
• $666 \times 6 = 3996(○)$

유형9 $500 \times 4 = 2000$, $500 \times 5 = 2500$……이므로 $\square$ 안에 5부터 수를 써넣어 봅니다.

$513 \times 5 = 2565(> 2560)$,

$513 \times 4 = 2052(< 2560)$이므로 $\square$ 안에 들어갈 수 있는 수는 5, 6, 7입니다.

9-1 $5 \times 80 = 400$, $6 \times 80 = 480$……이므로 $\square$ 안에 5부터 수를 써넣어 봅니다.

$5 \times 88 = 440$이므로 $\square$ 안에 들어갈 수 있는 수는 5보다 작아야 합니다.

따라서 1, 2, 3, 4로 모두 4개입니다.

9-2 $33 \times 74 = 2442$이므로 $2442 > \square$입니다.

따라서 $\square$ 안에 들어갈 수 있는 자연수 중에서 가장 큰 수는 2441입니다.

9-3 $20 \times 90 = 1800$, $81 \times 36 = 2916$이므로 $1800 < 357 \times \square < 2916$입니다.

$300 \times 6 = 1800$이므로 $\square$ 안에 6부터 수를 써넣어 봅니다.

$357 \times 6 = 2142$, $357 \times 7 = 2499$,

$357 \times 8 = 2856$, $357 \times 9 = 3213$……이므로 $\square$ 안에 들어갈 수 있는 자연수는 6, 7, 8로 모두 3개입니다.

유형10 가로등을 36개 세웠으므로 가로등 사이의 간격의 수는 $36 - 1 = 35$(군데)입니다.

따라서 도로의 전체 길이는 $22 \times 35 = 770$(m)입니다.

10-1 가로수를 85그루 심었으므로 가로수 사이의 간격의 수는 $85-1=84$(군데)입니다.
따라서 길의 전체 길이는 $9 \times 84 = 756$(m)입니다.

10-2 길이가 30 cm인 색 테이프 20장의 길이는 $30 \times 20 = 600$(cm)입니다. 20장을 겹쳤으므로 겹친 부분은 $20-1=19$(군데)이고, 겹친 부분의 길이의 합은 $5 \times 19 = 95$(cm)입니다.
따라서 이어 붙인 색 테이프 전체의 길이는 $600-95=505$(cm)입니다.

유형 11 어떤 수를 ☐라 하면 $☐+39=77$이므로 $☐=77-39=38$입니다.
따라서 바르게 계산하면 $38 \times 39 = 1482$입니다.

11-1 어떤 수를 ☐라 하면 $☐+4=121$이므로 $☐=121-4=117$입니다.
따라서 바르게 계산하면 $117 \times 4 = 468$입니다.

11-2 어떤 수를 ☐라 하면 $☐-56=28$이므로 $☐=28+56=84$입니다.
따라서 바르게 계산하면 $84 \times 56 = 4704$입니다.

11-3 어떤 수를 ☐라 하면 $☐+32=74$이므로 $☐=74-32=42$입니다.
따라서 바르게 계산하면 $42 \times 23 = 966$입니다.

유형 12 계산 결과가 가장 커야 하므로 곱하는 수는 가장 큰 수인 8로 하고, 곱해지는 수는 나머지 3개의 수로 만들 수 있는 가장 큰 수인 632로 합니다.
따라서 $632 \times 8 = 5056$입니다.

12-1 계산 결과가 가장 작아야 하므로 곱하는 수는 가장 작은 수인 2로 하고, 곱해지는 수는 나머지 3개의 수로 만들 수 있는 가장 작은 수인 457로 합니다.
따라서 $457 \times 2 = 914$입니다.

12-2 수 카드 3장으로 만들 수 있는 가장 큰 수는 320이고, 두 번째로 큰 수는 302입니다.
따라서 $302 \times 3 = 906$입니다.

12-3 가장 작은 (두 자리 수)×(두 자리 수)의 곱셈식을 만들려면 높은 자리에 작은 수를 놓아야 합니다. $13 \times 24 = 312$, $14 \times 23 = 322$이므로 계산 결과가 가장 작은 곱은 312입니다.

2단원 **나눗셈**

26~28쪽 **AI가 추천한 단원 평가** 1회

01 30	**02** 8, 3	**03** ㉢
04 15	**05** 211	**06** ④, ⑤
07 >	**08** 73	
09 12, 96, 96, 99		**10** 162
11 23		
12 64, 4 / 64, 384, 384, 4, 388		
13 풀이 참고, 13개		
14 12개, 1 cm		**15** 14
16 풀이 참고, 32줄		**17** 55초
18 1, 8	**19** 24 cm	**20** 15, 1

02
```
          8  ← 몫
    7 ) 5 9
        5 6
        ───
          3  ← 나머지
```

06 나머지는 항상 나누는 수보다 작아야 하므로 5로 나누었을 때 나머지가 될 수 없는 수는 5와 같거나 5보다 큰 수입니다.

07 $70 \div 2 = 35$, $90 \div 3 = 30$이므로 몫의 크기를 비교하면 $70 \div 2 > 90 \div 3$입니다.

08 $62 \div 5 = 12 \cdots 2$, $73 \div 5 = 14 \cdots 3$, $84 \div 5 = 16 \cdots 4$, $95 \div 5 = 19$이므로 5로 나누었을 때 나머지가 3인 수는 73입니다.

09 나눗셈이 맞는지 확인하기 위해서는 나누는 수와 몫의 곱에 나머지를 더하면 나누어지는 수가 되어야 합니다.

10 가장 큰 수는 648이고, 가장 작은 수는 4이므로 $648 \div 4 = 162$입니다.

11 곱셈과 나눗셈의 관계를 이용하면
$☐ \times 2 = 46 \Rightarrow 46 \div 2 = ☐$입니다.
따라서 $☐ = 46 \div 2 = 23$입니다.

12 $388 \div 6 = 64 \cdots 4$이므로 몫은 64이고 나머지는 4입니다.
$388 \div 6 = 64 \cdots 4$
확인 $6 \times 64 = 384$, $384 + 4 = 388$

13 (예) 전체 떡의 수를 나누어 주는 사람 수로 나누면
되므로 $39 \div 3$을 계산하면 됩니다.」❶
따라서 한 명에게 나누어 주는 떡은
$39 \div 3 = 13$(개)입니다.」❷

채점 기준	
❶ 문제에 알맞은 식 만들기	2점
❷ 한 명에게 나누어 주는 떡의 수 구하기	3점

14 $85 \div 7 = 12 \cdots 1$이므로 7 cm짜리 도막은 12개까
지 만들 수 있고, 1 cm가 남습니다.

15 $84 \div 2 = 42$이므로 $3 \times \square = 42$입니다.
곱셈과 나눗셈의 관계를 이용하면 $\square$ 안에 알맞은
수는 $\square = 42 \div 3 = 14$입니다.

16 (예) 학생은 모두 $127 + 129 = 256$(명)입니다.」❶
따라서 학생들을 한 줄에 8명씩 세우면 모두
$256 \div 8 = 32$(줄)이 됩니다.」❷

채점 기준	
❶ 학생이 모두 몇 명인지 구하기	2점
❷ 한 줄에 8명씩 세우면 모두 몇 줄이 되는지 구하기	3점

17 8분 15초$= 495$초이므로 한 문제를 푸는 데 걸린
시간은 $495 \div 9 = 55$(초)입니다.

18
```
      1
   7)9 □
     7 0
     ─────
       2 □
```
$2\square$가 7로 나누어떨어져야 하므로
$\square$ 안에 들어갈 수 있는 수는 1, 8입
니다.

19 철사의 길이는 삼각형의 한 변의 길이의 3배와 같
으므로 $32 \times 3 = 96$(cm)입니다.
정사각형은 네 변의 길이가 모두 같으므로 정사각
형의 한 변의 길이는 $96 \div 4 = 24$(cm)입니다.

20 몫이 가장 큰 나눗셈을 만들려면 나누는 수는 가장
작은 수인 5로 하고, 나누어지는 수는 나머지 2개
의 수로 만들 수 있는 더 큰 수인 76으로 합니다.
따라서 $76 \div 5 = 15 \cdots 1$이므로 몫은 15이고, 나
머지는 1입니다.

[다른 풀이] 만들 수 있는 (몇십몇)÷(몇)을 모두 만들
어 몫의 크기를 비교합니다.
$56 \div 7 = 8$, $57 \div 6 = 9 \cdots 3$, $65 \div 7 = 9 \cdots 2$,
$67 \div 5 = 13 \cdots 2$, $75 \div 6 = 12 \cdots 3$,
$76 \div 5 = 15 \cdots 1$
몫의 크기를 비교해 보면 $15 > 13 > 12 > 9 > 8$이
므로 몫이 가장 큰 나눗셈의 몫은 15이고 나머지는
1입니다.

29~31쪽 AI가 추천한 단원 평가 2회

- **01** 2, 20
- **02** (○)( )
- **03** 찬석
- **04** 124 … 6
- **05** 23
- **06** (위에서부터) 33, 22
- **07** ①
- **08** 5
- **09** ㉠, ㉣
- **10** 25, 2 / 25, 75, 75, 2, 77
- **11** 풀이 참고
- **12** 72
- **13** 89장
- **14** 13상자
- **15** 375
- **16** 풀이 참고, 4송이
- **17** 25
- **18** (위에서부터) 5, 7, 7, 2, 5
- **19** 20, 1
- **20** 84

03 $45 \div 7 = 6 \cdots 3$의 몫은 6이고 나머지는 3입니다.
나머지가 있으므로 나누어떨어지는 나눗셈이 아닙
니다.

07 ① $96 \div 2 = 48$ ② $96 \div 3 = 32$ ③ $96 \div 4 = 24$
④ $96 \div 6 = 16$ ⑤ $96 \div 8 = 12$
➡ $48 > 32 > 24 > 16 > 12$이므로 몫을 가장 크게
하는 수는 2입니다.
[참고] 나누어지는 수가 같을 때 나누는 수가 작을수
록 몫은 커집니다.

08 $50 \div 5 = 10$이므로 $10 < 60 \div \square$입니다.
$60 \div 5 = 12$, $60 \div 6 = 10$, $60 \div 7 = 8 \cdots 4$,
$60 \div 8 = 7 \cdots 4$이므로 $\square$ 안에 들어갈 수 있는 수
는 5입니다.

09 ㉠ $195 \div 2 = 97 \cdots 1$ ㉡ $513 \div 4 = 128 \cdots 1$
㉢ $692 \div 6 = 115 \cdots 2$ ㉣ $640 \div 7 = 91 \cdots 3$
따라서 몫이 두 자리 수인 나눗셈은 ㉠, ㉣입니다.
[참고] (세 자리 수)÷(한 자리 수)의 나눗셈 중에서
나누는 수가 나누어지는 수의 백의 자리 수보다 크
면 몫이 두 자리 수가 됩니다.

11 (예) 나머지는 항상 나누는 수보다 작아야 하므로
계산이 틀렸습니다.」❶
```
      7
   9)6 4
     6 3
     ─────
       1
```
」❷

채점 기준	
❶ 잘못 계산한 이유 쓰기	2점
❷ 바르게 계산하기	3점

12 ・$63 \div 3 = 21(\bigcirc)$ $63 \div 4 = 15 \cdots 3(\times)$
・$68 \div 3 = 22 \cdots 2(\times)$ $68 \div 4 = 17(\bigcirc)$
・$72 \div 3 = 24(\bigcirc)$ $72 \div 4 = 18(\bigcirc)$
・$88 \div 3 = 29 \cdots 1(\times)$ $88 \div 4 = 22(\bigcirc)$
따라서 3으로 나누어도 나누어떨어지고, 4로 나누어도 나누어떨어지는 수는 72입니다.

13 $712 \div 8 = 89$(장)

14 $69 \div 5 = 13 \cdots 4$이므로 인삼은 13상자까지 담고 4뿌리가 남습니다. 남은 인삼 4뿌리는 팔 수 없으므로 13상자까지 팔 수 있습니다.

15 나눗셈이 맞는지 확인하는 방법을 이용하여 나누어지는 수를 구합니다.
➡ $4 \times 93 = 372$, $372 + 3 = 375$

16 예 꽃 80송이를 꽃병 6개에 똑같이 나누면 $80 \div 6 = 13 \cdots 2$이므로 13송이씩 꽂고, 2송이가 남습니다.」❶
따라서 남는 꽃이 없게 하려면 꽃은 적어도 $6 - 2 = 4$(송이) 더 필요합니다.」❷

채점 기준	
❶ 꽃 80송이를 꽃병 6개에 똑같이 나누기	3점
❷ 적어도 더 필요한 꽃의 수 구하기	2점

17 수 카드 3장 중에서 2장을 골라 만든 가장 큰 수는 52이고, 두 번째로 큰 수는 50입니다.
➡ $50 \div 2 = 25$

18
```
      1 ㉠
  5 ) ㉡ ㉢
      5 0
      2 7
      ㉣ ㉤
      ───
        2
```
・㉡㉢ $- 50 = 27$이므로
㉡㉢ $= 27 + 50 = 77$입니다.
・27에는 5가 5번 들어가므로
㉠$=5$, ㉣㉤$=5 \times 5 = 25$입니다.

19 어떤 수를 □라 하면 □$\times 2 = 82$이므로
□$= 82 \div 2 = 41$입니다.
따라서 바르게 계산하면 $41 \div 2 = 20 \cdots 1$이므로 몫은 20이고, 나머지는 1입니다.

20 구하는 수는 6으로 나누었을 때 나누어떨어지는 두 자리 수이므로 12, 18, 24, ……, 84, 90, 96 중에서 하나입니다.
$96 \div 7 = 13 \cdots 5$, $90 \div 7 = 12 \cdots 6$,
$84 \div 7 = 12$……이므로 6으로 나누어도 나누어떨어지고, 7로 나누어도 나누어떨어지는 가장 큰 두 자리 수는 84입니다.

---

01 3, 21   **02** 몫, 나머지   **03** 1, 1, 7
04 $25 - 9 - 9 = 7$ **05** 212
06 ④   **07** ✕ (선으로 연결)
08 (위에서부터) 13, 3 / 13, 2
09 (◯) (   ) (   )
10 40, 150, 341   **11** 5
12 ㉡, ㉣, ㉢, ㉠   **13** 14개
14 풀이 참고, 12일   **15** 57, 58, 59
16 59개   **17** 풀이 참고, 18
18 116개   **19** 62, 68, 74   **20** 38, 5

05 $423 \div 2 = 211 \cdots 1$이므로 몫과 나머지의 합은 $211 + 1 = 212$입니다.

06 (전체 구슬 수)$\div$(나누어 주는 사람 수)를 계산해야 하므로 $65 \div 5$를 계산해야 합니다.

07 $47 \div 4 = 11 \cdots 3$, $38 \div 6 = 6 \cdots 2$,
$89 \div 8 = 11 \cdots 1$

09 $45 \div 3 = 15$, $64 \div 4 = 16$, $80 \div 5 = 16$이므로 몫이 다른 것은 $45 \div 3$입니다.

11 나머지는 나누는 수보다 항상 작아야 하므로 어떤 수를 6으로 나누었을 때 나올 수 있는 나머지 중에서 가장 큰 수는 5입니다.

12 ㉠ $88 \div 3 = 29 \cdots 1$ ㉡ $214 \div 5 = 42 \cdots 4$
㉢ $98 \div 8 = 12 \cdots 2$ ㉣ $822 \div 9 = 91 \cdots 3$
$4 > 3 > 2 > 1$이므로 나머지가 큰 것부터 차례대로 쓰면 ㉡, ㉣, ㉢, ㉠입니다.

13 (필요한 상자의 수)
$=$ (전체 야구공의 수)$\div$(한 상자에 담는 야구공의 수)
$= 70 \div 5 = 14$(개)

14 예 93쪽인 위인전을 하루에 8쪽씩 읽으면 $93 \div 8 = 11 \cdots 5$이므로 11일 동안 읽고, 5쪽이 남습니다.」❶
따라서 위인전을 모두 읽는 데 $11 + 1 = 12$(일)이 걸립니다.」❷

채점 기준	
❶ 93쪽인 위인전을 하루에 8쪽씩 읽을 때 며칠 동안 읽고, 몇 쪽이 남는지 구하기	3점
❷ 위인전을 모두 읽는 데 걸리는 날수 구하기	2점

15 $168 \div 3 = 56$, $240 \div 4 = 60$이므로
$56 < \square < 60$입니다.
따라서 $\square$ 안에 들어갈 수 있는 자연수는 57, 58, 59입니다.

16 세하가 처음에 가지고 있던 구슬의 수를 $\square$라 하면 $\square \div 3 = 19 \cdots 2$입니다.
따라서 나눗셈이 맞는지 확인하는 방법을 이용하면 $\square$의 값은 $3 \times 19 = 57$, $57 + 2 = 59$입니다.
참고 $59 \div 3 = 19 \cdots 2$이므로 계산이 맞습니다.

17 예 $180 \div 2 = ●$이므로 $● = 90$입니다.」❶
$● \div 5 = ▲$에서 $90 \div 5 = ▲$이므로 $▲ = 18$입니다.」❷

채점 기준	
❶ ●에 알맞은 수 구하기	2점
❷ ▲에 알맞은 수 구하기	3점

18 길이가 805 m인 도로의 한쪽에 7 m 간격으로 가로등을 세우면 가로등의 간격의 수는
$805 \div 7 = 115$(군데)입니다.
따라서 도로의 처음과 끝에도 가로등을 세워야 하므로 가로등은 모두 $115 + 1 = 116$(개) 필요합니다.

19 6으로 나누었을 때 나머지가 2인 수는 6의 곱에 2를 더한 수입니다.
$$\vdots$$
$6 \times 9 = 54$, $54 + 2 = 56$
$6 \times 10 = 60$, $60 + 2 = 62$
$6 \times 11 = 66$, $66 + 2 = 68$
$6 \times 12 = 72$, $72 + 2 = 74$
$6 \times 13 = 78$, $78 + 2 = 80$
$$\vdots$$
이 중에서 60보다 크고 80보다 작은 수는 62, 68, 74입니다.
다른 풀이 60보다 크고 80보다 작은 수는
61, 62, $\cdots\cdots$, 78, 79입니다.
이 수를 각각 6으로 나누었을 때 나머지가 2인 수를 찾아보면 62, 68, 74입니다.

20 몫이 가장 작은 나눗셈을 만들려면 나누는 수는 가장 큰 수인 9로 하고, 나누어지는 수는 나머지 3개의 수로 만들 수 있는 가장 작은 수인 347로 합니다.
따라서 $347 \div 9 = 38 \cdots 5$이므로 몫은 38이고, 나머지는 5입니다.

35~37쪽 AI가 추천한 단원 평가 4회

01 (왼쪽에서부터) 30, 1, 31 **02** 20
03 18 ⋯ 2 **04** 10배 **05** 171
06 = **07** ③
08 (왼쪽에서부터) 3, 2, 4 **09** 15

10
$$\begin{array}{r} 1\ 4 \\ 4\overline{)5\ 6} \\ 4\ 0 \\ \hline 1\ 6 \\ 1\ 6 \\ \hline 0 \end{array}$$

11 113
12 74, 3, 24, 2
13 47칸, 2권 **14** 16, 17
15 75, 80, 85 **16** 풀이 참고
17 풀이 참고, 28마리
18 180장 **19** 175 **20** 6

06 $99 \div 8 = 12 \cdots 3$, $93 \div 9 = 10 \cdots 3$이므로 나머지가 3으로 같습니다.

07 ① $30 \div 2 = 15$ ② $30 \div 3 = 10$
③ $30 \div 4 = 7 \cdots 2$ ④ $30 \div 5 = 6$
⑤ $30 \div 6 = 5$
따라서 나누어떨어지지 않는 나눗셈은 ③입니다.

08

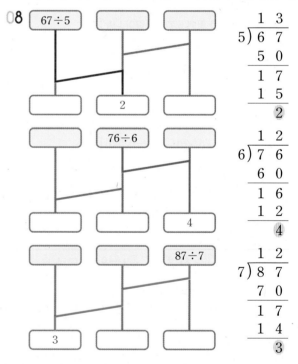

09 $90 \div 2 = 45$, $45 \div 3 = 15$

10 $56 - 40 = 16$이므로 6이 아닌 16을 4로 나누어야 합니다.

11 곱셈과 나눗셈의 관계를 이용하면
$8 \times \square = 904 \Rightarrow 904 \div 8 = \square$입니다.
따라서 $\square = 904 \div 8 = 113$입니다.

12 나누는 수와 몫의 곱에 나머지를 더하면 나누어지는 수가 되어야 하므로 나누는 수는 3, 몫은 24, 나머지는 2, 나누어지는 수는 74입니다.
따라서 계산한 나눗셈식은 74÷3=24 … 2입니다.

13 425÷9=47 … 2이므로 책장 47칸에 꽂고, 2권이 남습니다.

14 60÷4=15, 90÷5=18이므로 15<□<18입니다. 따라서 □ 안에 들어갈 수 있는 자연수는 16, 17입니다.

15 5로 나누어떨어지는 수는 일의 자리 숫자가 0 또는 5입니다. 따라서 70보다 크고 90보다 작은 두 자리 수 중에서 5로 나누어떨어지는 수는 75, 80, 85입니다.

16 예 색종이 258장을 한 명에게 6장씩 나누어 주려고 합니다. 몇 명에게 나누어 줄 수 있나요?」 ❶
43명」 ❷

채점 기준

❶ 나눗셈에 알맞은 문제 만들기	3점
❷ 답 구하기	2점

17 예 돼지 16마리의 다리가 4×16=64(개)이므로 오리의 다리는 모두 120−64=56(개)입니다.」 ❶
따라서 오리는 56÷2=28(마리)입니다.」 ❷

채점 기준

❶ 오리의 다리 수 구하기	2점
❷ 오리는 몇 마리인지 구하기	3점

18 색 도화지의 가로에는 메모지가 72÷4=18(장) 들어가고, 세로에는 40÷4=10(장) 들어가므로 메모지는 모두 18×10=180(장) 만들 수 있습니다.

19 나누어떨어지지 않는 나눗셈이므로 ★에 들어갈 수 있는 수는 1부터 6까지의 수입니다.
따라서 □ 안에 들어갈 수 있는 가장 큰 수는
7×12=84, 84+6=90이고, 가장 작은 수는
7×12=84, 84+1=85이므로 합은
90+85=175입니다.

20

```
      ㉠ 4
9 ) 7 ♥ ㉡
    ㉢㉣㉤
      ㉥ 2
      ㉦㉧
         6
```

• 9×4=36이므로 ㉦㉧=36입니다.
• ㉥2−36=6이므로 ㉥=4입니다.
• ㉠=7일 때 ㉢㉣㉤=630이고 630+42=672로 백의 자리 숫자가 7이 아니므로 ㉠은 7이 아닙니다.
• ㉠=8일 때 ㉢㉣㉤=720이고 720+42=762로 백의 자리 숫자가 7이므로 ♥=6입니다.

38~43쪽 틀린 유형 다시 보기

유형 1 ㉡	1-1 ㉡	
1-2 ㉣, ㉡, ㉠, ㉢		
1-3 ㉠, ㉣, ㉢, ㉡		유형 2 1, 2, 3
2-1 ①	2-2 7	2-3 7
유형 3 44	3-1 19	3-2 29
3-3 51	유형 4 13상자	4-1 18통
4-2 11개	4-3 19대	유형 5 9
5-1 122	5-2 4, 5	5-3 8개
유형 6 4개	6-1 1개	6-2 2개
6-3 2자루	유형 7 15	7-1 14
7-2 12	7-3 32, 16	유형 8 75개
8-1 34그루	8-2 160개	유형 9 0, 5
9-1 2, 8	9-2 1, 5, 9	9-3 0, 1
유형 10 (위에서부터) 7, 5, 3, 2, 1, 2		
10-1 (위에서부터) 8, 2, 7, 1, 1, 6		
10-2 (위에서부터) 3, 6, 5, 6, 4, 2, 4		
유형 11 19, 1	11-1 8, 1	11-2 13, 5
11-3 19, 2	유형 12 25, 1	12-1 376, 1
12-2 43, 2		

유형 1 ㉠ 30÷3=10　㉡ 60÷4=15
㉢ 70÷5=14

1-1 ㉠ 39÷6=6 … 3　㉡ 55÷7=7 … 6
㉢ 73÷8=9 … 1

1-2 ㉠ 24÷2=12　㉡ 55÷5=11
㉢ 98÷7=14　㉣ 90÷9=10

1-3 ㉠ 122÷5=24 … 2　㉡ 245÷6=40 … 5
㉢ 487÷7=69 … 4　㉣ 811÷8=101 … 3

유형 2 나머지는 항상 나누는 수보다 작아야 하므로 나머지가 될 수 있는 수는 1, 2, 3입니다.

2-1 나머지가 3이 되려면 나누는 수는 3보다 커야 합니다.

2-2 어떤 수를 8로 나누었을 때 나올 수 있는 나머지는 8보다 작은 수이므로 가장 큰 수는 7입니다.

2-3 나올 수 있는 나머지 중에서 가장 큰 수가 6이므로 나누는 수는 6보다 1 큰 수인 7입니다.

유형 3 곱셈과 나눗셈의 관계를 이용하면
$\square \times 2 = 88 \rightarrow 88 \div 2 = \square$입니다.
따라서 $\square = 88 \div 2 = 44$입니다.

3-1 곱셈과 나눗셈의 관계를 이용하면
$5 \times \square = 95 \rightarrow 95 \div 5 = \square$입니다.
따라서 $\square = 95 \div 5 = 19$입니다.

3-2 $\bigcirc \times 7 = 84 \rightarrow \bigcirc = 84 \div 7 = 12$
$3 \times \bigcirc = 123 \rightarrow \bigcirc = 123 \div 3 = 41$
따라서 ㄱ과 ㄴ에 알맞은 수의 차는
$41 - 12 = 29$입니다.

3-3 어떤 수를 $\square$라 하면 $\square \times 8 = 408$입니다.
따라서 $\square = 408 \div 8 = 51$입니다.

유형 4 쿠키 80개를 한 상자에 6개씩 담으면
$80 \div 6 = 13 \cdots 2$이므로 13상자에 담고 2개가 남습니다. 남은 쿠키 2개는 팔 수 없으므로 13상자까지 팔 수 있습니다.

4-1 테니스공 55개를 한 통에 3개씩 담으면
$55 \div 3 = 18 \cdots 1$이므로 18통에 담고 1개가 남습니다. 남은 테니스공 1개는 팔 수 없으므로 18통까지 팔 수 있습니다.

4-2 연필 94자루를 연필꽂이 한 개에 9자루씩 꽂으면 $94 \div 9 = 10 \cdots 4$이므로 연필꽂이 10개에 꽂고 연필 4자루가 남습니다. 남은 연필 4자루도 꽂아야 하므로 연필꽂이는 적어도
$10 + 1 = 11$(개) 필요합니다.

4-3 학생 75명이 자동차 한 대에 4명씩 타면
$75 \div 4 = 18 \cdots 3$이므로 18대에 타고 3명이 남습니다. 남은 학생 3명도 타야 하므로 자동차는 적어도 $18 + 1 = 19$(대) 필요합니다.

유형 5 $70 \div 7 = 10$이므로 $\square < 10$입니다.
따라서 $\square$ 안에 들어갈 수 있는 자연수 중에서 가장 큰 수는 9입니다.

5-1 $484 \div 4 = 121$이므로 $\square > 121$입니다.
따라서 $\square$ 안에 들어갈 수 있는 자연수 중에서 가장 작은 수는 122입니다.

5-2 $80 \div 4 = 20$이므로 $60 \div \square < 20$입니다.
$60 \div 3 = 20$이므로 $\square$ 안에 들어갈 수 있는 수는 3보다 큰 수인 4, 5입니다.

5-3 $84 \div 6 = 14$, $69 \div 3 = 23$이므로
$14 < \square < 23$입니다. 따라서 $\square$ 안에 들어갈 수 있는 두 자리 수는 15, 16, 17, 18, 19, 20, 21, 22로 모두 8개입니다.

유형 6 지우개 71개를 5명에게 똑같이 나누어 주면
$71 \div 5 = 14 \cdots 1$이므로 14개씩 나누어 주고 1개가 남습니다. 따라서 남는 지우개가 없게 하려면 지우개는 적어도 $5 - 1 = 4$(개) 더 필요합니다.

6-1 초콜릿 83개를 3명에게 똑같이 나누어 주면
$83 \div 3 = 27 \cdots 2$이므로 27개씩 나누어 주고 2개가 남습니다. 따라서 남는 초콜릿이 없게 하려면 초콜릿은 적어도 $3 - 2 = 1$(개) 더 필요합니다.

6-2 구슬 322개를 9개씩 꿰어서 팔찌를 만들면
$322 \div 9 = 35 \cdots 7$이므로 팔찌를 35개 만들고 구슬은 7개가 남습니다. 따라서 남는 구슬이 없게 하려면 구슬은 적어도 $9 - 7 = 2$(개) 더 필요합니다.

6-3 색연필 550자루를 8자루씩 담아서 팔면
$550 \div 8 = 68 \cdots 6$이므로 8자루씩 68묶음을 팔고 색연필은 6자루가 남습니다. 따라서 남는 색연필이 없게 하려면 색연필은 적어도
$8 - 6 = 2$(자루) 더 필요합니다.

유형 7 $210 \div 2 = 105$이므로 $7 \times \square = 105$입니다.
곱셈과 나눗셈의 관계를 이용하면 $\square$ 안에 알맞은 수는 $\square = 105 \div 7 = 15$입니다.

7-1 $112 \div 4 = 28$이므로 $2 \times \square = 28$입니다.
곱셈과 나눗셈의 관계를 이용하면 $\square$ 안에 알맞은 수는 $\square = 28 \div 2 = 14$입니다.

7-2 $288 \div 3 = 96$이므로 $8 \times \square = 96$입니다.
곱셈과 나눗셈의 관계를 이용하면 $\square$ 안에 알맞은 수는 $\square = 96 \div 8 = 12$입니다.

7-3 $480 \div 5 = 96$이므로 $3 \times \square = 96$에서
$\square = 96 \div 3 = 32$이고, $6 \times \square = 96$에서
$\square = 96 \div 6 = 16$입니다.

유형 8 길이가 592 m인 도로의 한쪽에 8 m 간격으로 가로등을 세우면 가로등의 간격의 수는
$592 \div 8 = 74$(군데)입니다.
도로의 처음과 끝에도 가로등을 세워야 하므로 가로등은 모두 $74 + 1 = 75$(개) 필요합니다.

8-1 길이가 198 m인 길의 한쪽에 6 m 간격으로 가로수를 심으면 가로수의 간격의 수는 $198 \div 6 = 33$(군데)입니다.
길의 처음과 끝에도 가로수를 심어야 하므로 가로수는 모두 $33 + 1 = 34$(그루) 필요합니다.

8-2 길이가 711 m인 도로의 한쪽에 9 m 간격으로 가로등을 세우면 가로등의 간격의 수는 $711 \div 9 = 79$(군데)입니다.
도로의 처음과 끝에도 가로등을 세워야 하므로 가로등은 모두 $79 + 1 = 80$(개) 필요합니다.
따라서 도로의 양쪽에는 모두 $80 \times 2 = 160$(개) 필요합니다.

유형 9
$$5) \overline{8 \square}$$
$$\underline{5\ 0}$$
$$3 \square$$
$3\square$가 5로 나누어떨어져야 하므로 $\square$ 안에 들어갈 수 있는 수는 0, 5입니다.

9-1
$$6) \overline{7 \square}$$
$$\underline{6\ 0}$$
$$1 \square$$
$1\square$가 6으로 나누어떨어져야 하므로 $\square$ 안에 들어갈 수 있는 수는 2, 8입니다.

9-2
$$4) \overline{9 \square}$$
$$\underline{8\ 0}$$
$$1 \square$$
$1\square$는 4로 나누었을 때 나머지가 3이 되어야 하므로 $\square$ 안에 들어갈 수 있는 수는 1, 5, 9입니다.

9-3
$$3) \overline{3\ 7 \square}$$
$$\underline{3\ 0\ 0}$$
$$7 \square$$
$$\underline{6\ 0}$$
$$1 \square$$
$$9$$
몫이 123이 되어야 하므로 $1\square - 9$가 1 또는 2가 되어야 합니다. 따라서 $\square$ 안에 들어갈 수 있는 수는 0, 1입니다.

유형 10
$$3) \overline{ⓛ ⓒ}$$
$$\underline{3\ 0}$$
$$2\ 3$$
$$\underline{ⓔ ⓜ}$$
$$ⓗ$$
• ⓛⓒ $- 30 = 23$이므로 ⓛⓒ $= 23 + 30 = 53$입니다.
• 23에는 3이 7번 들어가므로 ⓙ $= 7$, ⓔⓜ $= 3 \times 7 = 21$입니다.
• ⓗ $= 23 - 21 = 2$

10-1
$$ⓛ) \overline{5\ ⓒ}$$
$$\underline{4\ 0}$$
$$ⓔ\ 7$$
$$\underline{ⓜ ⓗ}$$
$$1$$
• ⓒ $\times 20 = 40$이므로 ⓒ $= 2$입니다.
• $5ⓒ - 40 = ⓔ7$이므로 ⓒ $= 7$, ⓔ $= 1$입니다.
• 17에는 2가 8번 들어가므로 ⓙ $= 8$, ⓜⓗ $= 2 \times 8 = 16$입니다.

10-2
$$7) \overline{2\ ⓒ ⓔ}$$
$$\underline{2\ 1\ 0}$$
$$4\ 6$$
$$\underline{ⓜ ⓗ}$$
$$ⓢ$$
• $7 \times ⓙ0 = 210$이므로 ⓙ $= 3$입니다.
• ⓒⓔ $- 10 = 46$이므로 ⓒⓔ $= 46 + 10 = 56$입니다.
• 46에는 7이 6번 들어가므로 ⓛ $= 6$, ⓜⓗ $= 7 \times 6 = 42$입니다.
• ⓢ $= 46 - 42 = 4$

유형 11 어떤 수를 $\square$라 하면 $\square \times 2 = 78$이므로 $\square = 78 \div 2 = 39$입니다.
따라서 바르게 계산하면 $39 \div 2 = 19 \cdots 1$이므로 몫은 19이고, 나머지는 1입니다.

11-1 어떤 수를 $\square$라 하면 $\square \times 4 = 132$이므로 $\square = 132 \div 4 = 33$입니다.
따라서 바르게 계산하면 $33 \div 4 = 8 \cdots 1$이므로 몫은 8이고, 나머지는 1입니다.

11-2 어떤 수를 $\square$라 하면 $\square \times 6 = 498$이므로 $\square = 498 \div 6 = 83$입니다.
따라서 바르게 계산하면 $83 \div 6 = 13 \cdots 5$이므로 몫은 13이고, 나머지는 5입니다.

11-3 어떤 수를 $\square$라 하면 $\square \div 3 = 32 \cdots 1$이므로 나눗셈이 맞는지 확인하는 방법을 이용하면 $\square$의 값은 $3 \times 32 = 96$, $96 + 1 = 97$입니다.
따라서 바르게 계산하면 $97 \div 5 = 19 \cdots 2$이므로 몫은 19이고, 나머지는 2입니다.

유형 12 몫이 가장 큰 나눗셈을 만들려면 나누는 수는 가장 작은 수인 3으로 하고, 나누어지는 수는 나머지 2개의 수로 만들 수 있는 더 큰 수인 76으로 합니다. 따라서 $76 \div 3 = 25 \cdots 1$이므로 몫은 25이고, 나머지는 1입니다.

12-1 몫이 가장 큰 나눗셈을 만들려면 나누는 수는 가장 작은 수인 2로 하고, 나누어지는 수는 나머지 3개의 수로 만들 수 있는 가장 큰 수인 753으로 합니다. 따라서 $753 \div 2 = 376 \cdots 1$이므로 몫은 376이고, 나머지는 1입니다.

12-2 몫이 가장 작은 나눗셈을 만들려면 나누는 수는 가장 큰 수인 8로 하고, 나누어지는 수는 나머지 3개의 수로 만들 수 있는 가장 작은 수인 346으로 합니다. 따라서 $346 \div 8 = 43 \cdots 2$이므로 몫은 43이고, 나머지는 2입니다.

3단원 원

46~48쪽 **AI가 추천한 단원 평가 1회**

01 중심

02 ⑤

03 예
(시계 그림: 9시 20분을 가리킴)

04 ㉡, ㉢, ㉠

05 2 cm

06 예 (모눈종이 위의 원 그림), 같습니다

07 (원과 중심점 ○ 그림)

08 >

09 5 cm

10 (모눈종이 위 원 무늬 그림)

11 풀이 참고

12 (모눈종이 위 여러 원 그림)

13 3가지
14 풀이 참고
15 64 cm
16 6 cm
17 220 cm
18 60 cm
19 33개
20 20 cm

05 지름은 모눈 4칸이므로 20 mm=2 cm입니다.

11 예 원 위의 두 점을 이은 선분이 원의 중심을 지날 때 원의 지름이라고 합니다.」❶
그은 선분은 원의 중심을 지나지 않으므로 잘못 그었습니다.」❷

채점 기준	
❶ 원의 지름 알기	2점
❷ 원의 지름을 잘못 그은 이유 쓰기	3점

13
(원 세 개가 겹친 그림) → 3가지

14 예 오륜기의 원에 원의 중심을 찍어 보면 오른쪽과 같습니다.」❶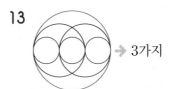
따라서 오륜기는 반지름이 같은 원을 원의 중심을 오른쪽 아래와 오른쪽 위로 옮겨 가며 그린 규칙입니다.」❷

채점 기준	
❶ 오륜기에 원의 중심 찍기	2점
❷ 오륜기를 그린 규칙 설명하기	3점

15 (큰 원의 반지름)=32÷2=16(cm)
(작은 원의 반지름)=16÷2=8(cm)
(선분 ㄱㄴ의 길이)
=(선분 ㄱㄷ의 길이)
=(큰 원의 반지름)+(작은 원의 반지름)
=16+8=24(cm)
(선분 ㄴㄷ의 길이)
=(작은 원의 반지름)+(작은 원의 반지름)
=8+8=16(cm)
➡ (삼각형 ㄱㄴㄷ의 세 변의 길이의 합)
=24+16+24=64(cm)

16 (작은 원의 지름)=(큰 원의 반지름)
=24÷2=12(cm)
(작은 원의 반지름)=12÷2=6(cm)
➡ 12-6=6(cm)

17 (빨간색 선의 길이)=(원의 지름)×10
=22×10=220(cm)

18 (상자의 가로)=3×6=18(cm)
(상자의 세로)=3×4=12(cm)
➡ (상자의 네 변의 길이의 합)
=18+12+18+12=60(cm)

19 (원의 지름)=(직사각형의 세로)=8 cm
직사각형의 가로가 264 cm이므로 원은
264÷8=33(개)까지 그릴 수 있습니다.

20 다섯 번째에 그릴 원의 반지름은
2+2+2+2+2=10(cm)입니다.
따라서 원의 지름은 10×2=20(cm)입니다.

01 반지름, 지름   02 7 cm   03 다

04 예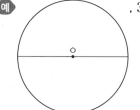
, 3 cm

05 선분 ㄴㅂ(또는 선분 ㅂㄴ),
　　선분 ㄷㅅ(또는 선분 ㅅㄷ)

06 ⑤   07 2, 1, 3   08 참별

09 10   10 풀이 참고, 4군데

11 8 cm   12 경민   13 지은

14 28 cm   15 12 cm   16 140 cm

17 풀이 참고, 24 cm   18 13 cm

19 162 cm   20 12 cm

08 지현이가 그린 원의 반지름은 12÷2=6(cm)이고, 컴퍼스를 12 cm만큼 벌려서 원을 그리면 반지름이 12 cm인 원이 그려지므로 크기가 다른 원을 그린 사람은 참별이입니다.

10 예 컴퍼스의 침을 꽂은 곳을 표시해 보면 오른쪽과 같습니다. ❶

따라서 컴퍼스의 침을 꽂은 곳은 모두 4군데입니다. ❷

채점 기준

❶ 컴퍼스의 침을 꽂은 곳 표시하기	3점
❷ 컴퍼스의 침을 꽂은 곳은 모두 몇 군데인지 구하기	2점

12 원의 중심은 같고, 반지름을 다르게 하여 그린 사람은 경민이입니다.

13 원의 중심과 반지름을 모두 다르게 하여 그린 사람은 지은이입니다.

14 직사각형 안에 그릴 수 있는 가장 큰 원의 지름은 직사각형의 세로와 같으므로 28 cm입니다.

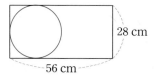
28 cm
56 cm

15 (변 ㅇㄴ의 길이)=(변 ㅇㄷ의 길이)
　　　　　　　　=(원의 반지름)
　　　　　　　　=18÷2=9(cm)
(변 ㄴㄷ의 길이)
=(삼각형 ㅇㄴㄷ의 세 변의 길이의 합)
　−(변 ㅇㄴ의 길이)−(변 ㅇㄷ의 길이)
=30−9−9=12(cm)

16 (변 ㄱㄴ의 길이)=(변 ㄹㅁ의 길이)=(변 ㅁㄱ의 길이)
　　　　　　　　=(원의 지름)=28 cm
(변 ㄴㄹ의 길이)=(원의 지름)×2
　　　　　　　=28×2=56(cm)
➜ (사각형 ㄱㄴㄹㅁ의 네 변의 길이의 합)
　=28+56+28+28=140(cm)

17 예 컴퍼스의 침과 연필심 사이의 거리를 4 cm만큼 벌렸으므로 원의 반지름은 4 cm입니다. ❶
선분 ㄱㄴ의 길이는 원의 반지름의 6배이므로 4×6=24(cm)입니다. ❷

채점 기준

❶ 원의 반지름 알기	2점
❷ 선분 ㄱㄴ의 길이 구하기	3점

18 (가장 큰 원의 지름)
=(정사각형의 한 변의 길이)=36 cm
(가장 큰 원의 반지름)=36÷2=18(cm)
➜ (㉠의 길이)=(중간 크기의 원의 반지름)
　　　　　　=(가장 큰 원의 반지름)−5
　　　　　　=18−5=13(cm)

19 (삼각형의 한 변의 길이)=(원의 반지름)×6
　　　　　　　　　　　=9×6=54(cm)
(삼각형의 세 변의 길이의 합)
=54+54+54=162(cm)

20 (원 ㉯의 반지름)=26 cm
(원 ㉮의 반지름)
=(직사각형의 가로)−(원 ㉯의 반지름)
=32−26=6(cm)
(원 ㉰의 반지름)
=(직사각형의 세로)−(원 ㉮의 반지름)
=26−6=20(cm)
➜ (원 ㉱의 반지름)
　=(직사각형의 가로)−(원 ㉰의 반지름)
　=32−20=12(cm)

정답 및 풀이

52~54쪽 **AI가 추천한 단원 평가 3회**

01 점 ㅇ

02 선분 ㅇㄷ(또는 선분 ㄷㅇ)

03 1개

04 12 cm

05 6, 6

06 선분 ㄷㅈ(또는 선분 ㅈㄷ)

07 (원)

08 (선분 교차 그림)

09 5

10 같고, 4

11 풀이 참고, 6 cm

12 ㄷ, ㄱ, ㄹ, ㄴ

13 예 (원 그림)

14 5가지

15 (사각형 안 원 그림)

16 30 cm

17 풀이 참고, 24 cm

18 36 cm

19 57개

20 7 cm

06 원 안에 그은 선분 중에서 가장 긴 선분은 원의 중심을 지나는 원의 지름입니다.

07 주어진 선분의 길이는 1 cm 5 mm이므로 반지름이 1 cm 5 mm인 원을 그립니다.

09 지름이 10 cm인 원의 반지름은 10÷2=5(cm)입니다.

11 예 컴퍼스를 벌린 거리는 원의 반지름이 됩니다.」❶
원의 반지름이 3 cm이므로 원의 지름은
3×2=6(cm)입니다.」❷

채점 기준	
❶ 컴퍼스를 벌린 거리와 원의 반지름과의 관계 알기	2점
❷ 그린 원의 지름 구하기	3점

12 ㄱ (원 그림) ➡ 3곳   ㄴ (원 그림) ➡ 1곳
ㄷ (사각형 그림) ➡ 5곳   ㄹ (사각형 그림) ➡ 2곳

13 원을 맞닿게 그려야 하므로 가운데 원의 반지름은 모눈 1칸 또는 모눈 2칸이 되도록 그려야 합니다.

14 구멍과 구멍 사이의 거리가 원의 반지름이 되므로 반지름이 1 cm, 2 cm, 3 cm, 2+3=5(cm), 1+2+3=6(cm)인 원을 그릴 수 있습니다.
따라서 서로 다른 크기의 원을 5가지 그릴 수 있습니다.

15 직사각형의 세로와 반지름이 같은 왼쪽 원부터 그려야 합니다.

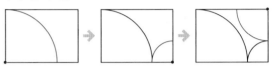

16 (변 ㄱㄴ의 길이)=(변 ㄹㄷ의 길이)
　　　　　　　=(원의 지름)=5×2=10(cm)
(변 ㄴㄷ의 길이)=(변 ㄱㄹ의 길이)
　　　　　　　=(원의 반지름)=5 cm
➡ (직사각형 ㄱㄴㄷㄹ의 네 변의 길이의 합)
　　=10+5+10+5=30(cm)

17 예 삼각형의 한 변의 길이는 원의 반지름과 같으므로 16÷2=8(cm)입니다.」❶
따라서 삼각형 ㄱㄴㄷ의 세 변의 길이의 합은
8+8+8=24(cm)입니다.」❷

채점 기준	
❶ 삼각형의 한 변의 길이 구하기	3점
❷ 삼각형 ㄱㄴㄷ의 세 변의 길이의 합 구하기	2점

18 여섯 번째에 그릴 원의 반지름은
3+3+3+3+3+3=18(cm)입니다.
따라서 원의 지름은 18×2=36(cm)입니다.

19 (원의 반지름)=6÷2=3(cm)
직사각형 안에 그린 원의 반지름의 수는 그린 원의 수보다 1 더 많습니다.
따라서 174÷3=58이므로 58-1=57(개)까지 그릴 수 있습니다.

20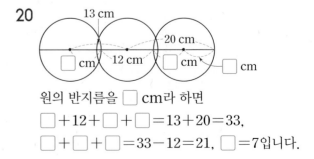

원의 반지름을 ☐ cm라 하면
☐+12+☐+☐=13+20=33,
☐+☐+☐=33-12=21, ☐=7입니다.

AI가 추천한 단원 평가 **4회**

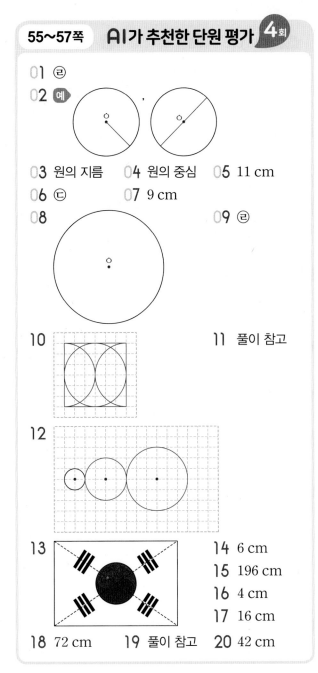

01 ㉣

02 예

03 원의 지름   04 원의 중심   05 11 cm

06 ㉢   07 9 cm

08

09 ㉣

10   11 풀이 참고

12

13   14 6 cm

15 196 cm

16 4 cm

17 16 cm

18 72 cm   19 풀이 참고   20 42 cm

04 원의 지름은 원의 중심을 지나야 하므로 원의 지름
이 만나는 점은 원의 중심입니다.

05 선분 ㄱㄴ은 원의 지름이고, 원의 지름은 길이가
모두 같으므로 11 cm입니다.

06 ㉢ 지름은 원을 똑같이 둘로 나눕니다.

07 (원의 반지름)＝(원의 지름)÷2
＝18÷2＝9(cm)

08 나침반의 반지름을 재어 보면 1 cm 5 mm이므
로 컴퍼스를 1 cm 5 mm만큼 벌려서 원을 그립
니다.

09 가장 큰 원을 그리려면 반지름이 가장 길어야 하므
로 연필을 누름 못에서 가장 먼 ㉣에 넣고 그려야
합니다.

10 한 변의 길이가 모두 6칸인 정사각형을 먼저 그린
다음 정사각형 안에 다음과 같이 원의 일부분 2개
와 원 1개를 그립니다.

11 예 원의 반지름 3개의 길이를 재어 보면 모두
2 cm입니다. ❶
따라서 원의 반지름은 길이가 모두 같습니다. ❷

채점 기준	
❶ 원의 반지름 3개의 길이 모두 재기	2점
❷ 반지름을 재어 보고 알 수 있는 점 쓰기	3점

14 (원의 지름)＝(정사각형의 한 변의 길이)＝12 cm
➡ (㉠의 길이)＝(원의 반지름)＝12÷2＝6(cm)

15 (빨간색 선의 길이)＝(원의 지름)×14
＝14×14＝196(cm)

16 (작은 원의 지름)＝32÷4＝8(cm)
➡ (작은 원의 반지름)＝8÷2＝4(cm)

17 (빨간색 도형의 한 변의 길이)
＝(원의 반지름)＝48÷6＝8(cm)
➡ (원의 지름)＝8×2＝16(cm)

18 (원의 반지름)＝8÷2＝4(cm)
(직사각형의 가로)＝(원의 반지름)×7
＝4×7＝28(cm)
(직사각형의 세로)＝(원의 지름)＝8 cm
➡ (직사각형의 네 변의 길이의 합)
＝28＋8＋28＋8＝72(cm)

19 예 원의 중심은 오른쪽으로 6 cm, 9 cm,
12 cm로 옮겨 가는 규칙입니다. ❶
원의 반지름은 3 cm, 6 cm, 9 cm, 12 cm로
3 cm씩 늘어나는 규칙입니다. ❷

채점 기준	
❶ 원의 중심이 변하는 규칙 알기	2점
❷ 원의 반지름이 변하는 규칙 알기	3점

20 원의 반지름이 3 cm씩 늘어나는 규칙이므로 일곱
번째 원의 반지름은 3×7＝21(cm)입니다.
따라서 원의 지름은 21×2＝42(cm)입니다.

58~63쪽 **틀린 유형 다시 보기**

유형1 선분 ㄱㅁ(또는 선분 ㅁㄱ)

1-1 지름   **1-2** ㄴ, ㄹ

1-3 예 원의 지름은 원의 중심을 지나는 원 위의 두 점을 이은 선분이고, 원의 반지름은 원의 중심과 원 위의 한 점을 이은 선분이므로 원의 지름을 원의 반지름 2개로 나눌 수 있습니다. 따라서 원의 지름이 원의 반지름의 2배입니다.

유형2 =   **2-1** 시현   **2-2** ④

2-3 ㄷ, ㄹ, ㄱ, ㄴ   **유형3** 선미

3-1 2

3-2 예 원의 중심을 오른쪽으로 모눈 2칸, 4칸 이동하고, 원의 반지름을 모눈 1칸씩 늘여 가며 그린 규칙입니다.

유형4   **4-1**

4-2 (   ) (○) (   )

유형5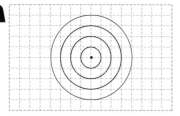

5-1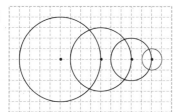

5-2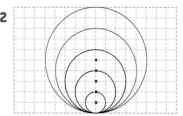

유형6 10 cm   **6-1** 28 cm   **6-2** 42 cm

6-3 64 cm   **유형7** 9 cm   **7-1** 8 cm

7-2 6 cm   **7-3** 16 cm   **7-4** 10 cm

유형8 48 cm   **8-1** 96 cm   **8-2** 180 cm

유형9 48 cm   **9-1** 24 cm   **9-2** 18 cm

9-3 8 cm   **유형10** 42 cm   **10-1** 55 cm

10-2 66 cm   **10-3** 58 cm   **10-4** 162 cm

유형1 원에서 길이가 가장 긴 선분은 원의 지름이므로 선분 ㄱㅁ입니다.

1-1 원의 지름은 원을 똑같이 둘로 나눕니다.

1-2 원의 중심은 원을 그릴 때에 누름 못이 꽂혔던 점이고, 1개입니다.

유형2 반지름이 10 cm인 원의 지름은
$10 \times 2 = 20$(cm)이므로 두 원의 크기가 같습니다.

2-1 성윤이가 그린 원의 지름이 $4 \times 2 = 8$(cm)이므로 더 작은 원을 그린 사람은 시현이입니다.

2-2 지름으로 길이를 통일하여 비교합니다.
① 5 cm   ② 12 cm   ③ 7 cm
④ 16 cm   ⑤ 9 cm
따라서 가장 큰 원은 ④입니다.

2-3 지름으로 길이를 통일하여 비교합니다.
ㄱ 5 cm   ㄴ 8 cm   ㄷ 3 cm   ㄹ 4 cm
따라서 원이 작은 것부터 차례대로 기호를 쓰면 ㄷ, ㄹ, ㄱ, ㄴ입니다.

참고 컴퍼스를 벌린 거리는 원의 반지름이 됩니다.

유형3 원의 중심을 오른쪽으로 모눈 2칸씩 이동하고, 반지름이 모눈 2칸인 원과 1칸인 원이 반복되는 규칙입니다.

3-1 원의 중심은 같고, 원의 반지름을 모눈 2칸만큼씩 늘여서 그린 규칙입니다.

유형4 원의 중심에 컴퍼스의 침을 꽂아야 하므로 원의 중심을 모두 찾아 표시합니다.

4-1 원의 중심에 컴퍼스의 침을 꽂아야 하므로 원의 중심을 모두 찾아 표시합니다. 컴퍼스의 침을 꽂아야 하는 곳은 모두 5군데입니다.

4-2

유형 5 원의 중심은 같고, 원의 반지름이 모눈 1칸씩 늘어나는 규칙입니다. 따라서 원의 중심은 같고, 반지름이 모눈 4칸인 원을 1개 더 그립니다.

5-1 원의 중심을 오른쪽으로 4칸, 3칸 이동하고, 원의 반지름이 모눈 1칸씩 줄어드는 규칙입니다. 따라서 원의 중심을 오른쪽으로 2칸 이동하고, 반지름이 모눈 1칸인 원을 1개 더 그립니다.

5-2 원의 중심을 위쪽으로 1칸씩 이동하고, 원의 반지름이 모눈 1칸씩 늘어나는 규칙이므로 원의 중심을 위쪽으로 1칸씩 옮겨 가며 반지름이 모눈 4칸인 원과 5칸인 원을 1개씩 더 그립니다.

유형 6 (변 ㅇㄱ의 길이)+(변 ㅇㄴ의 길이)=14−4
$$=10\text{(cm)}$$
(원의 반지름)=(변 ㅇㄱ의 길이)
$$=10÷2=5\text{(cm)}$$
➡ (원의 지름)=5×2=10(cm)

6-1 (큰 원의 반지름)=6+8=14(cm)
➡ (큰 원의 지름)=14×2=28(cm)

6-2 (큰 원의 지름)=(작은 원의 반지름)×6
$$=7×6=42\text{(cm)}$$

6-3 반지름을 2배로 늘여 가므로 여섯 번째 원의 반지름은 1×2×2×2×2×2=32(cm)입니다. 따라서 원의 지름은 32×2=64(cm)입니다.

유형 7 (작은 원의 지름)=(큰 원의 반지름)
$$=36÷2=18\text{(cm)}$$
➡ (작은 원의 반지름)=18÷2=9(cm)

7-1 (작은 원의 지름)=64÷4=16(cm)
➡ (작은 원의 반지름)=16÷2=8(cm)

7-2 (가장 큰 원의 지름)=13×2=26(cm)
(중간 크기의 원의 지름)=10×2=20(cm)
(가장 작은 원의 지름)
=(선분 ㄱㄴ의 길이)−(가장 큰 원의 지름)
−(중간 크기의 원의 지름)
=58−26−20=12(cm)
➡ (가장 작은 원의 반지름)=12÷2=6(cm)

7-3 (중간 크기의 원의 지름)=10×2=20(cm)
(가장 큰 원의 지름)=12+20=32(cm)
➡ (가장 큰 원의 반지름)=32÷2=16(cm)

7-4

(변 ㄱㄴ의 길이)=(큰 원의 반지름)=13 cm
(선분 ㄴㄹ의 길이)=13−6=7(cm)
작은 원의 반지름을 ☐ cm라 하면
삼각형 ㄱㄴㄷ에서 13+7+☐+☐=40,
☐+☐=20, ☐=10입니다.

유형 8 (빨간색 선의 길이)=(원의 지름)×12
$$=4×12=48\text{(cm)}$$

8-1 (빨간색 선의 길이)=(원의 지름)×16
$$=6×16=96\text{(cm)}$$

8-2 (원의 지름)=5×2=10(cm)
➡ (빨간색 선의 길이)=(원의 지름)×18
$$=10×18=180\text{(cm)}$$

유형 9 (선분 ㄱㄴ의 길이)=(원의 반지름)×6
$$=8×6=48\text{(cm)}$$
다른 풀이 (원의 지름)=8×2=16(cm)
➡ (선분 ㄱㄴ의 길이)=(원의 지름)×3
$$=16×3=48\text{(cm)}$$

9-1 (선분 ㄱㄴ의 길이)=(선분 ㄴㄷ의 길이)
=(선분 ㄷㄹ의 길이)
=(선분 ㄹㅁ의 길이)
=32÷4=8(cm)
➡ (선분 ㄱㄹ의 길이)
=(선분 ㄱㅁ의 길이)−(선분 ㄹㅁ의 길이)
=32−8=24(cm)

9-2 (중간 크기의 원의 지름)
=(가장 큰 원의 반지름)=24 cm
(가장 작은 원의 지름)
=(중간 크기의 원의 반지름)
=24÷2=12(cm)
(가장 작은 원의 반지름)=12÷2=6(cm)
➡ (선분 ㄱㄷ의 길이)
=(가장 작은 원의 반지름)
+(중간 크기의 원의 반지름)
=6+12=18(cm)

9-3

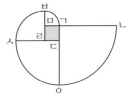

(선분 ㅁㅂ의 길이)=(선분 ㅁㄱ의 길이)
=2 cm이므로
(선분 ㄹㅂ의 길이)=2+2=4(cm)입니다.
(선분 ㄹㅅ의 길이)=(선분 ㄹㅂ의 길이)
=4 cm이므로
(선분 ㄷㅅ의 길이)=2+4=6(cm)입니다.
(선분 ㄷㅇ의 길이)=(선분 ㄷㅅ의 길이)
=6 cm이므로
(선분 ㄱㅇ의 길이)=2+6=8(cm)입니다.
따라서 (선분 ㄱㄴ의 길이)=(선분 ㄱㅇ의 길이)
=8 cm입니다.

유형10 (변 ㄱㄴ의 길이)=(변 ㄴㄷ의 길이)
=(변 ㄷㄱ의 길이)
=7+7=14(cm)
➜ (삼각형 ㄱㄴㄷ의 세 변의 길이의 합)
=14+14+14=42(cm)

10-1 (삼각형 ㄱㄴㄷ의 세 변의 길이의 합)
=(11+5)+(5+9+7)+(7+11)=55(cm)

10-2 (변 ㄱㄴ의 길이)=(변 ㄹㄱ의 길이)
=(작은 원의 반지름)
=22÷2=11(cm)
(변 ㄴㄷ의 길이)=(변 ㄷㄹ의 길이)
=(큰 원의 반지름)=22 cm
➜ (사각형 ㄱㄴㄷㄹ의 네 변의 길이의 합)
=11+22+22+11=66(cm)

10-3 (변 ㄱㄴ의 길이)=10+6=16(cm)
(변 ㄴㄷ의 길이)=6+8=14(cm)
(변 ㄷㄹ의 길이)=8+5=13(cm)
(변 ㄹㄱ의 길이)=5+10=15(cm)
➜ (사각형 ㄱㄴㄷㄹ의 네 변의 길이의 합)
=16+14+13+15=58(cm)

10-4 원의 반지름을 □ cm라 하면
(직사각형의 가로)=□+□-6=52,
□+□=58, □=58÷2=29입니다.
➜ (직사각형의 네 변의 길이의 합)
=52+29+52+29=162(cm)

4단원 분수

66~68쪽 **AI가 추천한 단원 평가 1회**

01 1, 1   02 가분수   03 $\frac{1}{3}$

04 $\frac{2}{3}$ 05 $1\frac{4}{6}$ 06 $\frac{21}{8}$

07 ⑤

08 예)

09 ㉢   10 현정

11 풀이 참고, 은지   12 $\frac{7}{12}$

13 $\frac{11}{11}$ 14 16개, 8개   15 ㉢, ㉡, ㉠

16 4 m   17 $3\frac{7}{8}$, $7\frac{3}{8}$, $8\frac{3}{7}$

18 풀이 참고, 16   19 $\frac{2}{7}$

20 20분

---

05 눈금 한 칸이 나타내는 수는 $\frac{1}{6}$입니다.
화살표가 가리키는 수는 1과 $\frac{4}{6}$이므로 대분수로
나타내면 $1\frac{4}{6}$입니다.

07 진분수는 분자가 분모보다 작은 수이므로 □ 안에
는 5와 같거나 5보다 큰 수는 들어갈 수 없습니다.

10 지영: $\frac{1}{2}<\frac{3}{2}$, 민수: $4\frac{2}{7}>3\frac{4}{7}$,
현정: $\frac{13}{10}=1\frac{3}{10}$이므로 $1\frac{3}{10}>1\frac{1}{10}$입니다.

11 예) 분모가 같은 가분수는 분자가 클수록 큰 분수
입니다.❶
따라서 $\frac{8}{5}>\frac{7}{5}$이므로 더 긴 리본을 가지고 있는
사람은 은지입니다.❷

채점 기준	
❶ 가분수의 크기 비교하는 방법 알기	2점
❷ 더 긴 리본을 가지고 있는 사람 구하기	3점

12 두부는 모두 12조각이므로 먹고 남은 두부는
12-5=7(조각)입니다.
따라서 먹고 남은 두부는 전체의 $\frac{7}{12}$입니다.

13 가분수는 분자가 분모와 같거나 분모보다 커야 하므로 분모가 11인 가분수의 분자는 11과 같거나 11보다 커야 합니다.

따라서 가장 작은 수는 $\frac{11}{11}$입니다.

14 떡 24개를 6묶음으로 똑같이 나눈 것 중의 4묶음이 16개이므로 친구들과 나누어 먹은 떡은 16개이고, 남은 떡은 24-16=8(개)입니다.

15 자연수가 가장 큰 ㉠이 가장 크고, 자연수가 같은 두 분수는 분자가 더 큰 ㉡이 더 큽니다.

따라서 $1\frac{3}{8} < 1\frac{7}{8} < 2\frac{1}{8}$이므로 날짜가 빠른 것부터 차례대로 기호를 쓰면 ㉢, ㉡, ㉠입니다.

16 성현이와 유정이가 나누어 가진 고무줄의 길이는 각각 36÷2=18(m)입니다.

따라서 성현이가 놀이를 하는 데 사용한 고무줄의 길이는 18 m의 $\frac{2}{9}$이므로 4 m입니다.

17 대분수는 자연수와 진분수로 이루어진 분수이므로 수 카드 한 장을 자연수로 할 때 나머지 수 카드 중에서 큰 수를 분모, 작은 수를 분자로 하여 대분수를 만들면 $3\frac{7}{8}$, $7\frac{3}{8}$, $8\frac{3}{7}$입니다.

18 예 어떤 수의 $\frac{3}{4}$이 12이므로 어떤 수의 $\frac{1}{4}$은 12÷3=4입니다. ❶

따라서 어떤 수는 4×4=16입니다. ❷

채점 기준	
❶ 어떤 수의 $\frac{1}{4}$ 구하기	2점
❷ 어떤 수 구하기	3점

19 분모와 분자의 합이 9인 진분수이므로 분모와 분자가 될 수 있는 수는 8과 1, 7과 2, 6과 3, 5와 4입니다. 이 중에서 차가 5인 두 수는 7과 2이므로 조건에 맞는 분수는 $\frac{2}{7}$입니다.

20

걸은 거리$\left(\frac{3}{5}\right)$　　남은 거리$\left(\frac{2}{5}\right)$

30분

30분 동안 산책로의 $\frac{3}{5}$을 걸었으므로 산책로의 $\frac{1}{5}$을 걷는 데에는 30÷3=10(분)이 걸립니다.

따라서 산책로를 모두 걸으려면 앞으로 10×2=20(분) 더 걸립니다.

---

01 1과 5분의 4　　02 2

03 예

04 대, 진, 가

05 ⤬ (선 연결)

06 ②, ④

07
, <

08 $\frac{9}{2}$, $3\frac{1}{6}$　　09 풀이 참고　　10 2 mm

11 $\frac{9}{19}$　　12 $1\frac{3}{8}$, $\frac{10}{8}$, $\frac{9}{8}$

13 36 m　　14 수연, 2개　　15 수학

16 15　　17 $\frac{14}{21}$

18 $\frac{13}{4}$, $\frac{14}{4}$, $\frac{15}{4}$

19 풀이 참고, 8 m　　20 $3\frac{3}{8}$

06 자연수 1과 같은 분수는 분자와 분모가 같은 수여야 하므로 ② $\frac{3}{3}$, ④ $\frac{4}{4}$입니다.

07 눈금 한 칸이 나타내는 수는 $\frac{1}{2}$입니다.

09 예 대분수는 자연수와 진분수로 이루어진 분수입니다. ❶

$1\frac{3}{2}$은 자연수와 가분수로 이루어진 분수이므로 대분수가 아닙니다. ❷

채점 기준	
❶ 대분수 알기	2점
❷ 대분수가 아닌 이유 쓰기	3점

10 1 cm=10 mm이고, $\frac{1}{5}$ cm는 10 mm의 $\frac{1}{5}$이므로 2 mm입니다.

12 $1\frac{3}{8} = \frac{11}{8}$이므로 $1\frac{3}{8} > \frac{10}{8} > \frac{9}{8}$입니다.

13 사용한 테이프는 81 m의 $\frac{5}{9}$이므로 45 m입니다.

➡ (남은 테이프의 길이)
= (처음에 있던 테이프의 길이)
　－(사용한 테이프의 길이)
= 81-45=36(m)

21

14 딸기 56개의 $\dfrac{1}{4}$은 14개이고, 딸기 56개의 $\dfrac{2}{7}$는 16개입니다. 따라서 수연이가 딸기를 $16-14=2$(개) 더 많이 먹었습니다.

15 자연수가 가장 작은 $3\dfrac{5}{6}$가 가장 작고, 남은 두 분수는 자연수가 같으므로 분자가 더 큰 $4\dfrac{2}{6}$가 더 큽니다. 따라서 $4\dfrac{2}{6}>4\dfrac{1}{6}>3\dfrac{5}{6}$이므로 이번 주에 가장 오래 공부한 과목은 수학입니다.

16 $2\dfrac{2}{7}=\dfrac{16}{7}$이므로 $\dfrac{\square}{7}<\dfrac{16}{7}$입니다.

따라서 $\square<16$이므로 $\square$ 안에 들어갈 수 있는 자연수 중에서 가장 큰 수는 15입니다.

17 산 감귤은 모두 $84\div4=21$(묶음)이고, 사용한 감귤은 $21-7=14$(묶음)입니다.
따라서 이것을 분수로 나타내면
$\dfrac{(사용한\ 감귤\ 묶음\ 수)}{(산\ 감귤\ 묶음\ 수)}=\dfrac{14}{21}$입니다.

18 대분수는 자연수와 진분수로 이루어진 분수이므로 자연수가 3이고, 분모가 4인 대분수는 $3\dfrac{1}{4}$, $3\dfrac{2}{4}$, $3\dfrac{3}{4}$입니다. 이 대분수를 모두 가분수로 나타내면 $\dfrac{13}{4}$, $\dfrac{14}{4}$, $\dfrac{15}{4}$입니다.

19 예 첫 번째로 튀어 오른 공의 높이는 72 m의 $\dfrac{1}{3}$이므로 24 m입니다. ❶
따라서 두 번째로 튀어 오른 공의 높이는 24 m의 $\dfrac{1}{3}$이므로 8 m입니다. ❷

채점 기준	
❶ 첫 번째로 튀어 오른 공의 높이 구하기	2점
❷ 두 번째로 튀어 오른 공의 높이 구하기	3점

20 분모는 2부터 시작하여 1씩 커지는 규칙이고, 분자는 3부터 시작하여 4씩 커지는 규칙입니다.
따라서 다섯 번째에 놓이는 분수는 $\dfrac{19}{6}$, 여섯 번째에 놓이는 분수는 $\dfrac{23}{7}$, 일곱 번째에 놓이는 분수는 $\dfrac{27}{8}$입니다. ➡ $\dfrac{27}{8}=3\dfrac{3}{8}$

72~74쪽 AI가 추천한 단원 평가 3회

01 4	02 2	03 $\dfrac{2}{3}$
04 $\dfrac{7}{7}$, $\dfrac{8}{7}$	05 $\dfrac{5}{6}$	06 2, 3, 4
07 $1\dfrac{7}{8}$	08 <	09 ③
10 ㉢	11 풀이 참고, $\dfrac{12}{4}$	
12 학교	13 $\dfrac{2}{9}$	14 주황색, 1장
15 $\dfrac{2}{5}$, $\dfrac{2}{8}$, $\dfrac{5}{8}$	16 15 m	
17 풀이 참고, 4개		18 6
19 $\dfrac{7}{6}$	20 72쪽	

05 24를 4씩 묶으면 6묶음이고, 20은 5묶음입니다.
따라서 20은 24의 $\dfrac{5}{6}$입니다.

06 대분수는 자연수와 진분수로 이루어진 분수이므로 $\square$ 안에 들어갈 수 있는 수는 5보다 작은 수입니다.

07 $\dfrac{1}{8}$이 15개인 수는 $\dfrac{15}{8}$입니다. ➡ $\dfrac{15}{8}=1\dfrac{7}{8}$

09 ①, ②, ④, ⑤ 48의 $\dfrac{1}{3}$, $\dfrac{2}{6}$, $\dfrac{4}{12}$, $\dfrac{8}{24}$은 16입니다.
③ 48의 $\dfrac{3}{8}$은 18입니다.

10 나타내는 수는 각각 ㉠ 6, ㉡ 6, ㉢ 5, ㉣ 6이므로 나타내는 수가 다른 하나는 ㉢입니다.

11 예 자연수 3은 $\dfrac{1}{4}$이 12개인 수입니다. ❶
따라서 자연수 3을 분모가 4인 가분수로 나타내면 $\dfrac{12}{4}$입니다. ❷

채점 기준	
❶ 자연수 3은 $\dfrac{1}{4}$이 몇 개인 수인지 알아보기	2점
❷ 자연수 3을 분모가 4인 가분수로 나타내기	3점

12 $3\dfrac{5}{6}=\dfrac{23}{6}$이고 $\dfrac{22}{6}<\dfrac{23}{6}$이므로 현우네 집에서 더 가까운 장소는 학교입니다.

13 구슬 45개를 5개씩 묶으면 9묶음이므로 친구에게 준 구슬은 전체의 $\dfrac{2}{9}$입니다.

14 사용한 주황색 색종이는 21장의 $\frac{3}{7}$이므로 9장이고, 보라색 색종이는 12장의 $\frac{2}{3}$이므로 8장입니다. 따라서 주황색 색종이를 9−8=1(장) 더 많이 사용했습니다.

15 진분수는 분자가 분모보다 작은 분수이므로 수 카드 2장을 뽑았을 때 작은 수를 분자로, 큰 수를 분모로 하여 분수를 만들면 $\frac{2}{5}$, $\frac{2}{8}$, $\frac{5}{8}$입니다.

16 첫 번째로 튀어 오른 공의 높이는 60 m의 $\frac{1}{2}$이므로 30 m이고, 두 번째로 튀어 오른 공의 높이는 30 m의 $\frac{1}{2}$이므로 15 m입니다.

17 예 가분수를 대분수로 나타내어 식을 표현하면

$1\frac{1}{11} < 1\frac{\square}{11} < 1\frac{6}{11}$입니다. ❶

따라서 자연수가 모두 같으므로 분자의 크기를 비교하면 $\square$ 안에 들어갈 수 있는 자연수는 2, 3, 4, 5로 모두 4개입니다. ❷

채점 기준	
❶ 가분수를 대분수로 나타내어 식 표현하기	2점
❷ $\square$ 안에 들어갈 수 있는 수는 모두 몇 개인지 구하기	3점

18 $5\frac{1}{♥}$을 가분수로 나타내면

$\dfrac{♥+♥+♥+♥+♥+1}{♥}$이므로

$♥+♥+♥+♥+♥+1=31$입니다.
$♥+♥+♥+♥+♥=30$, $♥×5=30$,
$♥=30÷5=6$입니다.

19 분모와 분자의 합이 13인 가분수이므로 분모와 분자가 될 수 있는 수는 1과 12, 2와 11, 3과 10, 4와 9, 5와 8, 6과 7입니다.
이 중에서 차가 1인 두 수는 6과 7이므로 조건에 맞는 분수는 $\frac{7}{6}$입니다.

20
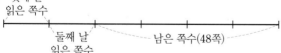

소설책의 전체 쪽수의 $\frac{4}{6}$가 48쪽이므로 전체 쪽수의 $\frac{1}{6}$은 48÷4=12(쪽)입니다. 따라서 소설책의 전체 쪽수는 12×6=72(쪽)입니다.

75~77쪽 AI가 추천한 단원 평가 **4회**

01 2, 2	**02** $\frac{4}{3}$, $\frac{6}{3}$	**03** 3
04 9	**05** 가, 라	**06** $6\frac{2}{9}$
07 ㉢	**08** >	**09** 37개
10 4	**11** $\frac{13}{30}$	
12 (위에서부터) $4\frac{3}{5}$, $\frac{22}{5}$, $4\frac{3}{5}$		**13** 15분
14 풀이 참고, $\frac{2}{12}$		**15** $3\frac{2}{8}$
16 풀이 참고, $2\frac{3}{5}$, $3\frac{2}{5}$, $7\frac{2}{5}$, $7\frac{3}{5}$		
17 $10\frac{1}{2}$컵	**18** 6, 7, 8, 9	**19** 12시간
20 6		

05 전체를 똑같이 10칸으로 나눈 것 중의 3칸을 색칠한 것을 찾습니다.

07 ㉠ $4\frac{1}{2}=\frac{9}{2}$ ㉡ $2\frac{2}{3}=\frac{8}{3}$ ㉢ $1\frac{2}{8}=\frac{10}{8}$

08 $\frac{1}{6}$이 18개인 수는 $\frac{18}{6}$입니다.
→ $\frac{18}{6} > \frac{16}{6}$

09 $5\frac{2}{7}=\frac{37}{7}$이므로 $5\frac{2}{7}$는 $\frac{1}{7}$이 37개인 수입니다.

10 • 4는 16의 $\frac{2}{8}$입니다. → ㉠=2
• 4는 14의 $\frac{2}{7}$입니다. → ㉡=2
→ ㉠+㉡=2+2=4

11 전체 입장객이 13+8+9=30(명)이므로 오늘 미술관에 입장한 어린이는 전체 입장객의 $\frac{13}{30}$입니다.

12 $\frac{22}{5} > \frac{20}{5}$, $4\frac{1}{5} < 4\frac{3}{5}$이고 $4\frac{3}{5}=\frac{23}{5}$이므로 $\frac{22}{5} < 4\frac{3}{5}$입니다.

13 1시간=60분이고, 60분의 $\frac{1}{4}$은 15분입니다.
따라서 연우가 훌라후프를 돌린 시간은 15분입니다.

23

14 예 연필 96자루를 연필꽂이 한 개에 8자루씩 꽂았으므로 연필꽂이는 $96 \div 8 = 12$(개)입니다. ❶
따라서 연필꽂이 2개에 꽂혀 있는 연필은 전체의 $\dfrac{2}{12}$입니다. ❷

채점 기준	
❶ 연필꽂이의 전체 개수 구하기	2점
❷ 연필꽂이 2개에 꽂혀 있는 연필은 전체의 얼마인지 분수로 나타내기	3점

15 $2\dfrac{2}{8}$보다 큰 분수는 $3\dfrac{2}{8}$, $4\dfrac{1}{8}$이고, $3\dfrac{3}{8}$보다 작은 분수는 $1\dfrac{3}{8}$, $2\dfrac{1}{8}$, $3\dfrac{2}{8}$입니다. 따라서 $2\dfrac{2}{8}$보다 크고 $3\dfrac{3}{8}$보다 작은 분수는 $3\dfrac{2}{8}$입니다.

16 예 대분수는 자연수와 진분수로 이루어진 분수이므로 분자는 5보다 작아야 합니다. ❶
따라서 만들 수 있는 대분수는 모두
$2\dfrac{3}{5}$, $3\dfrac{2}{5}$, $7\dfrac{2}{5}$, $7\dfrac{3}{5}$입니다. ❷

채점 기준	
❶ 분자가 될 수 있는 수 구하기	2점
❷ 만들 수 있는 대분수 모두 구하기	3점

17 3주일$=$21일이므로 세영이가 3주일 동안 마신 우유는 모두 $\dfrac{21}{2}$컵입니다. ➡ $\dfrac{21}{2}$컵$=10\dfrac{1}{2}$컵

18 $\dfrac{44}{7}=6\dfrac{2}{7}$이므로 $6\dfrac{2}{7}<\square\dfrac{4}{7}$입니다.
분수 부분을 비교하면 $\dfrac{2}{7}<\dfrac{4}{7}$이므로 $\square$ 안에 들어갈 수 있는 수는 6과 같거나 6보다 큰 수입니다. 따라서 6, 7, 8, 9입니다.

19

더 채워야 하는 물의 양은 빈 통의 $\dfrac{3}{4}$입니다.
따라서 16시간의 $\dfrac{3}{4}$인 12시간 후에 물을 가득 채울 수 있습니다.

20 어떤 수의 $\dfrac{5}{9}$가 20이므로 어떤 수의 $\dfrac{1}{9}$은
$20 \div 5 = 4$이고 어떤 수는 $4 \times 9 = 36$입니다.
따라서 어떤 수의 $\dfrac{1}{6}$은 36의 $\dfrac{1}{6}$이므로 6입니다.

78~83쪽 틀린 유형 다시 보기

유형 1 $2\dfrac{2}{3}$ 1-1 $\dfrac{9}{4}$ 1-2 $\dfrac{8}{5}$, $1\dfrac{3}{5}$

1-3 $\dfrac{11}{2}$, $5\dfrac{1}{2}$ 유형 2 $\dfrac{4}{4}$, $\dfrac{7}{7}$ 2-1 ④

2-2 $\dfrac{12}{6}$ 2-3 $\dfrac{32}{8}$ 유형 3 $\dfrac{7}{19}$

3-1 $\dfrac{4}{12}$ 3-2 $\dfrac{5}{9}$ 3-3 $\dfrac{3}{16}$

유형 4 8시간   4-1 20분   4-2 48초

4-3 민경   유형 5 28개   5-1 22개

5-2 39 m   5-3 75쪽   5-4 65개

5-5 39장   유형 6 $\dfrac{2}{3}$, $\dfrac{2}{8}$, $\dfrac{3}{8}$

6-1 $\dfrac{7}{6}$, $\dfrac{9}{6}$, $\dfrac{9}{7}$ 6-2 4개

6-3 $2\dfrac{5}{8}$, $5\dfrac{2}{8}$, $9\dfrac{2}{8}$, $9\dfrac{5}{8}$ 6-4 $\dfrac{60}{7}$

유형 7 3   7-1 14   7-2 5개

7-3 3, 4, 5, 6   유형 8 10 m   8-1 6 m

8-2 6 m   8-3 12 m   유형 9 4개

9-1 $\dfrac{1}{3}$ 9-2 $\dfrac{2}{9}$ 9-3 $\dfrac{11}{3}$

9-4 $2\dfrac{5}{8}$ 유형 10 27   10-1 25

10-2 24   10-3 135   10-4 20

10-5 126

유형 1 눈금 한 칸이 나타내는 수는 $\dfrac{1}{3}$입니다.
화살표가 가리키는 수는 2와 $\dfrac{2}{3}$이므로 대분수로 나타내면 $2\dfrac{2}{3}$입니다.

1-1 눈금 한 칸이 나타내는 수는 $\dfrac{1}{4}$입니다.
화살표가 가리키는 수는 눈금 9칸이므로 가분수로 나타내면 $\dfrac{9}{4}$입니다.

1-2 눈금 한 칸이 나타내는 수는 $\dfrac{1}{5}$입니다.
화살표가 가리키는 수는 눈금 8칸이므로 가분수로 나타내면 $\dfrac{8}{5}$이고, 대분수로 나타내면 $1\dfrac{3}{5}$입니다.

1-3 눈금 한 칸이 나타내는 수는 $\frac{1}{2}$입니다.

화살표가 가리키는 수는 눈금 11칸이므로 가분수로 나타내면 $\frac{11}{2}$이고, 대분수로 나타내면 $5\frac{1}{2}$입니다.

유형 2 자연수 1과 같은 분수는 분자와 분모가 같은 수여야 하므로 $\frac{4}{4}$, $\frac{7}{7}$입니다.

2-1 가분수를 대분수로 나타내면

① $\frac{5}{2}=2\frac{1}{2}$, ② $\frac{5}{3}=1\frac{2}{3}$, ③ $\frac{5}{4}=1\frac{1}{4}$,

④ $\frac{10}{5}=2$, ⑤ $\frac{10}{7}=1\frac{3}{7}$입니다.

따라서 자연수로 나타낼 수 있는 분수는 ④입니다.

참고 분자가 분모의 곱이 될 때 분수를 자연수로 나타낼 수 있습니다.

$1=\frac{■}{■}$, $2=\frac{■\times2}{■}$, $3=\frac{■\times3}{■}$ ……

2-2 자연수 2는 $\frac{1}{6}$이 12개인 수입니다.

따라서 자연수 2를 분모가 6인 분수로 나타내면 $\frac{12}{6}$입니다.

2-3 자연수 4는 $\frac{1}{8}$이 32개인 수입니다.

따라서 자연수 4를 분모가 8인 분수로 나타내면 $\frac{32}{8}$입니다.

유형 3 전체 학생이 $7+12=19$(명)이므로 안경을 쓴 학생은 전체 학생의 $\frac{7}{19}$입니다.

3-1 주머니에 들어 있는 전체 공의 수가 $3+4+5=12$(개)이므로 빨간색 공은 전체 공의 $\frac{4}{12}$입니다.

3-2 붕어빵 36개를 한 봉지에 4개씩 넣으면 $36\div4=9$(봉지)가 됩니다.

이 중에서 5봉지를 판매했으므로 판매한 붕어빵은 전체 붕어빵의 $\frac{5}{9}$입니다.

3-3 사과 48개를 한 봉지에 3개씩 넣으면 $48\div3=16$(봉지)가 됩니다.

이 중에서 3봉지를 판매했으므로 판매한 사과는 전체 사과의 $\frac{3}{16}$입니다.

유형 4 하루는 24시간이고, 24시간의 $\frac{2}{6}$는 8시간입니다.

따라서 현정이가 어제 학교에서 보낸 시간은 8시간입니다.

4-1 1시간=60분이고, 60분의 $\frac{1}{3}$은 20분입니다.

따라서 병주네 집에서 학교까지 가는 데 걸리는 시간은 20분입니다.

4-2 1분=60초이고, 60초의 $\frac{4}{5}$는 48초입니다.

따라서 전자레인지에 음식을 데운 시간은 48초입니다.

4-3 • 은하: 24시간의 $\frac{1}{4}$이므로 6시간입니다.

• 재철: 24시간의 $\frac{1}{3}$이므로 8시간입니다.

• 민경: 24시간의 $\frac{3}{8}$이므로 9시간입니다.

따라서 하루에 잠을 가장 많이 자는 사람은 민경이입니다.

유형 5 구슬 42개의 $\frac{1}{3}$은 14개이므로 친구에게 준 구슬은 14개입니다.

➡ (남은 구슬 수)=(처음에 있던 구슬 수)
　　　　　　　−(친구에게 준 구슬 수)
　　　　=$42-14=28$(개)

5-1 땅콩 44개의 $\frac{1}{2}$은 22개이므로 희재가 먹은 땅콩은 22개입니다.

➡ (남은 땅콩 수)
　=(처음에 있던 땅콩 수)−(먹은 땅콩 수)
　=$44-22=22$(개)

5-2 리본 52 m의 $\frac{1}{4}$은 13 m이므로 사용한 리본은 13 m입니다.

→ (남은 리본의 길이)
= (처음에 있던 리본의 길이)
− (사용한 리본의 길이)
= 52 − 13 = 39(m)

5-3 120쪽의 $\frac{3}{8}$은 45쪽이므로 읽은 쪽수는 45쪽입니다.

→ (남은 쪽수) = (전체 쪽수) − (읽은 쪽수)
= 120 − 45 = 75(쪽)

5-4 젤리 182개를 동생과 똑같이 나누어 가졌으므로 미연이가 가진 젤리는 $182 \div 2 = 91$(개)입니다.

91개의 $\frac{2}{7}$는 26개이므로 미연이가 먹은 젤리는 26개입니다.

→ (남은 젤리 수)
= (처음에 있던 젤리 수) − (먹은 젤리 수)
= 91 − 26 = 65(개)

5-5 딱지 90장의 $\frac{1}{6}$은 15장이므로 동생에게 준 딱지는 15장이고, 딱지 90장의 $\frac{2}{5}$는 36장이므로 친구들에게 준 딱지는 36장입니다.

→ (남은 딱지 수)
= (처음에 있던 딱지 수)
− (동생에게 준 딱지 수)
− (친구들에게 준 딱지 수)
= 90 − 15 − 36 = 39(장)

유형 6 진분수는 분자가 분모보다 작은 분수이므로 수 카드 2장을 뽑았을 때 작은 수를 분자로, 큰 수를 분모로 하여 분수를 만들면 됩니다.

→ $\frac{2}{3}$, $\frac{2}{8}$, $\frac{3}{8}$

6-1 가분수는 분자가 분모와 같거나 분모보다 큰 분수이므로 수 카드 2장을 뽑았을 때 큰 수를 분자로, 작은 수를 분모로 하여 분수를 만들면 됩니다.

→ $\frac{7}{6}$, $\frac{9}{6}$, $\frac{9}{7}$

6-2 가분수는 분자가 분모와 같거나 분모보다 큰 분수이므로 같은 수 카드 2장을 뽑아서 분수를 만들거나 다른 수를 뽑은 경우에는 큰 수를 분자로, 작은 수를 분모로 하여 분수를 만들면 됩니다.

따라서 $\frac{4}{4}$, $\frac{5}{4}$, $\frac{6}{4}$, $\frac{6}{5}$으로 모두 4개입니다.

6-3 분모가 8인 대분수를 만들어야 하므로 분모는 8을 뽑고, 나머지 3장 중에서 한 장을 자연수로 하고, 분자는 8보다 작은 수를 뽑아야 합니다.

따라서 만들 수 있는 대분수는
$2\frac{5}{8}$, $5\frac{2}{8}$, $9\frac{2}{8}$, $9\frac{5}{8}$입니다.

6-4 분모가 7인 대분수를 만들어야 하므로 분모는 7을 뽑아야 하고, 가장 큰 분수를 만들어야 하므로 자연수에 가장 큰 수를 뽑고, 분자에 7보다 작은 수 중에서 더 큰 수를 뽑아야 합니다.

따라서 만들 수 있는 가장 큰 대분수는 $8\frac{4}{7}$이고, 가분수로 나타내면 $\frac{60}{7}$입니다.

유형 7 $\frac{12}{8} = 1\frac{4}{8}$이므로 $1\frac{4}{8} > 1\frac{\square}{8}$입니다.

따라서 $4 > \square$이므로 $\square$ 안에 들어갈 수 있는 자연수 중에서 가장 큰 수는 3입니다.

7-1 $4\frac{1}{3} = \frac{13}{3}$이므로 $\frac{13}{3} < \frac{\square}{3}$입니다.

따라서 $13 < \square$이므로 $\square$ 안에 들어갈 수 있는 자연수 중에서 가장 작은 수는 14입니다.

7-2 $\frac{20}{9} = 2\frac{2}{9}$이므로 $2\frac{2}{9} < 2\frac{\square}{9} < 2\frac{8}{9}$입니다.

따라서 $2 < \square < 8$이므로 $\square$ 안에 들어갈 수 있는 자연수는 3, 4, 5, 6, 7로 모두 5개입니다.

7-3 • $2\frac{4}{5} < \square\frac{2}{5}$에서 $\frac{4}{5} > \frac{2}{5}$이므로 $2 < \square$입니다.

• $\square\frac{2}{5} < 6\frac{3}{5}$에서 $\frac{2}{5} < \frac{3}{5}$이므로 $\square = 6$ 또는 $\square < 6$입니다.

따라서 $\square$ 안에 들어갈 수 있는 자연수는 3, 4, 5, 6입니다.

유형 8 첫 번째로 튀어 오른 공의 높이는 40 m의 $\frac{1}{2}$이므로 20 m이고, 두 번째로 튀어 오른 공의 높이는 20 m의 $\frac{1}{2}$이므로 10 m입니다.

8-1 첫 번째로 튀어 오른 공의 높이는 54 m의 $\frac{1}{3}$이므로 18 m이고, 두 번째로 튀어 오른 공의 높이는 18 m의 $\frac{1}{3}$이므로 6 m입니다.

8-2 첫 번째로 튀어 오른 공의 높이는 96 m의 $\frac{1}{4}$이므로 24 m이고, 두 번째로 튀어 오른 공의 높이는 24 m의 $\frac{1}{4}$이므로 6 m입니다.

8-3 첫 번째로 튀어 오른 공의 높이는 75 m의 $\frac{2}{5}$이므로 30 m이고, 두 번째로 튀어 오른 공의 높이는 30 m의 $\frac{2}{5}$이므로 12 m입니다.

유형 9 분모와 분자의 합이 9인 대분수이므로 분모와 분자가 될 수 있는 수는 8과 1, 7과 2, 6과 3, 5와 4입니다.

따라서 조건에 맞는 분수는 $3\frac{1}{8}$, $3\frac{2}{7}$, $3\frac{3}{6}$, $3\frac{4}{5}$로 모두 4개입니다.

9-1 분모와 분자의 합이 4인 진분수이므로 분모와 분자가 될 수 있는 수는 3과 1입니다.

따라서 조건에 맞는 분수는 $\frac{1}{3}$입니다.

9-2 분모와 분자의 합이 11인 진분수이므로 분모와 분자가 될 수 있는 수는 10과 1, 9와 2, 8과 3, 7과 4, 6과 5입니다.
이 중에서 차가 7인 두 수는 9와 2이므로 조건에 맞는 분수는 $\frac{2}{9}$입니다.

> **참고** 합이 11이고 차가 7인 두 수 찾기
> ① 두 수 중 큰 수 구하기
> $11+7=18 \Rightarrow 18 \div 2 = 9$
> ② 두 수 중 작은 수 구하기
> $11-7=4 \Rightarrow 4 \div 2 = 2$

9-3 분모와 분자의 합이 14인 가분수이므로 분모와 분자가 될 수 있는 수는 1과 13, 2와 12, 3과 11, 4와 10, 5와 9, 6과 8, 7과 7입니다.
이 중에서 차가 8인 두 수는 3과 11이므로 조건에 맞는 분수는 $\frac{11}{3}$입니다.

9-4 2보다 크고 3보다 작은 대분수이므로 대분수의 자연수 부분은 2입니다.
분수 부분의 분모와 분자의 합이 13이므로 분모와 분자가 될 수 있는 수는 12와 1, 11과 2, 10과 3, 9와 4, 8과 5, 7과 6입니다.
이 중에서 차가 3인 두 수는 8과 5이므로 조건에 맞는 분수는 $2\frac{5}{8}$입니다.

유형 10 어떤 수의 $\frac{2}{3}$가 18이므로 어떤 수의 $\frac{1}{3}$은 $18 \div 2 = 9$입니다.
따라서 어떤 수는 $9 \times 3 = 27$입니다.

10-1 어떤 수의 $\frac{3}{5}$이 15이므로 어떤 수의 $\frac{1}{5}$은 $15 \div 3 = 5$입니다.
따라서 어떤 수는 $5 \times 5 = 25$입니다.

10-2 어떤 수의 $\frac{5}{6}$가 20이므로 어떤 수의 $\frac{1}{6}$은 $20 \div 5 = 4$입니다.
따라서 어떤 수는 $4 \times 6 = 24$입니다.

10-3 어떤 수의 $\frac{4}{9}$가 60이므로 어떤 수의 $\frac{1}{9}$은 $60 \div 4 = 15$입니다.
따라서 어떤 수는 $15 \times 9 = 135$입니다.

10-4 어떤 수의 $\frac{3}{4}$이 21이므로 어떤 수의 $\frac{1}{4}$은 $21 \div 3 = 7$이고 어떤 수는 $7 \times 4 = 28$입니다.
따라서 어떤 수의 $\frac{5}{7}$는 28의 $\frac{5}{7}$이므로 20입니다.

10-5 어떤 수의 $\frac{2}{7}$가 96이므로 어떤 수의 $\frac{1}{7}$은 $96 \div 2 = 48$이고 어떤 수는 $48 \times 7 = 336$입니다.
따라서 어떤 수의 $\frac{3}{8}$은 336의 $\frac{3}{8}$이므로 126입니다.

5단원 들이와 무게

86~88쪽 **AI가 추천한 단원 평가 1회**

01 ①, ④
02 6 킬로그램 800 그램
03 400
04 주전자
05 야구공
06 2 kg 800 g
07 4 kg 770 g
08 >
09 ㉠
10 풀이 참고, 나 병, 2개
11 6500 mL
12 650 mL
13 동전
14 풀이 참고, 4 kg 300 g
15 (위에서부터) 450, 3
16 약 100배
17 900 g, 700 g
18 2
19 5분
20 1 kg 500 g

06 저울에서 눈금 한 칸의 크기는 100 g입니다.
가방의 무게는 2500 g보다 눈금 3칸만큼 더 간 곳을 가리키므로 2800 g=2 kg 800 g입니다.

08 1300 mL=1 L 300 mL이므로
12 L 30 mL>1 L 300 mL입니다.

10 **예** 가 병의 들이는 컵 5개만큼이고, 나 병의 들이는 컵 7개만큼입니다.❶
따라서 나 병이 가 병보다 컵 7-5=2(개)만큼 들이가 더 많습니다.❷

채점 기준	
❶ 가 병과 나 병의 들이 알기	2점
❷ 어느 병이 컵 몇 개만큼 들이가 더 많은지 구하기	3점

12 (물병의 들이)-(컵의 들이)
=1 L 200 mL-550 mL=650 mL

13 달걀 1개와 바둑돌 16개의 무게가 같고, 달걀 1개와 동전 10개의 무게가 같으므로 바둑돌 16개와 동전 10개의 무게가 같습니다.
따라서 한 개의 무게가 더 무거운 것은 동전입니다.

14 **예** 강아지의 몸무게는 지아가 강아지를 안고 잰 무게에서 지아의 몸무게를 빼면 됩니다.❶
따라서 강아지의 몸무게는
42 kg 700 g-38 kg 400 g=4 kg 300 g입니다.❷

채점 기준	
❶ 강아지의 몸무게 구하는 방법 알기	2점
❷ 강아지의 몸무게 구하기	3점

15
$$\begin{array}{r} 4\ \text{L}\ ㉠\ \text{mL} \\ +\ ㉡\ \text{L}\ 150\ \text{mL} \\ \hline 7\ \text{L}\ 600\ \text{mL} \end{array}$$
• ㉠+150=600 ➡ ㉠=600-150=450
• 4+㉡=7 ➡ ㉡=7-4=3
참고 L 단위의 수끼리, mL 단위의 수끼리 계산합니다.

16 코끼리의 몸무게는 4 t=4000 kg입니다.
4000은 40보다 0이 2개 더 많으므로 코끼리의 몸무게는 인우의 몸무게의 약 100배입니다.
참고 40이 1개인 수는 40, 40이 10개인 수는 400, 40이 100개인 수는 4000입니다.

17 영어사전의 무게를 □ g이라 하면 국어사전의 무게는 (□+200) g입니다.
1 kg 600 g=1600 g이므로
(□+200)+□=1600, □+□=1400,
□=700입니다.
따라서 국어사전의 무게는 700+200=900(g), 영어사전의 무게는 700 g입니다.

18 1 L 200 mL-500 mL-500 mL=200 mL 이므로 들이가 1 L 200 mL인 그릇에 물을 가득 담은 후 들이가 500 mL인 그릇으로 2번 덜어 내면 200 mL가 남습니다.

19 (1분 동안 받는 물의 양)
－(1분 동안 수도로 받는 물의 양)
－(1분 동안 새는 물의 양)
=1 L 100 mL-300 mL=800 mL
따라서 4 L=4000 mL이고, 800×5=4000이므로 항아리를 가득 채우는 데 5분이 걸립니다.

20 (볼링공 2개의 무게)
=(상자에 담긴 볼링공 5개의 무게)
－(상자에 담긴 볼링공 3개의 무게)
=28 kg 500 g-17 kg 700 g=10 kg 800 g
5 kg 400 g+5 kg 400 g=10 kg 800 g이므로 볼링공 1개의 무게는 5 kg 400 g입니다.
➡ (빈 상자만의 무게)
=(상자에 담긴 볼링공 3개의 무게)
－(볼링공 3개의 무게)
=17 kg 700 g-5 kg 400 g-5 kg 400 g
－5 kg 400 g
=1 kg 500 g

01 4 톤	02 필통	03 가 병
04 1 L 700 mL		05 5070
06 ④	07 4 L 140 mL	
08 ✕	09 3배	
	10 ㄷ, ㄹ, ㄴ, ㄱ	
11 풀이 참고	12 다 컵	13 3 kg 300 g
14 풀이 참고, 7 L 500 mL		15 성훈
16 10 cm	17 5 kg 500 g	
18 5개	19 2 kg 250 g	
20 2분 30초		

03 물의 높이가 높은 가 병의 들이가 더 많습니다.

05 5 kg 70 g＝5000 g＋70 g＝5070 g

06 ④ 접시의 무게를 나타낼 때에는 g 단위가 알맞습니다.

11 예 50원짜리 동전 한 개의 무게와 100원짜리 동전 한 개의 무게는 서로 다릅니다.
따라서 동전의 개수가 20개로 같아도 50원짜리 동전 20개와 100원짜리 동전 20개의 무게는 서로 다르므로 감자와 고구마의 무게도 서로 다릅니다. ❶

채점 기준	
❶ 잘못 설명한 부분의 이유 쓰기	5점

12 같은 냄비에 물을 가득 채우려면 컵의 들이가 적을수록 많이 부어야 합니다. 따라서 들이가 가장 적은 컵은 부은 횟수가 가장 많은 다 컵입니다.

13 현애가 사 온 콩의 무게는 1 kg 400 g이고, 승민이가 사 온 콩의 무게는 1 kg 900 g입니다.
따라서 두 사람이 사 온 콩의 무게는 모두
1 kg 400 g＋1 kg 900 g＝3 kg 300 g입니다.

14 예 보라색 페인트의 양은 파란색 페인트의 양과 빨간색 페인트의 양을 더하면 되므로
3 L 700 mL＋3 L 800 mL를 계산하면 됩니다. ❶
따라서 만든 보라색 페인트는 모두
3 L 700 mL＋3 L 800 mL＝7 L 500 mL입니다. ❷

채점 기준	
❶ 보라색 페인트의 양을 구하는 방법 알기	2점
❷ 보라색 페인트의 양 구하기	3점

15 (은혜가 어림한 값과 실제 값의 차)
＝3 L－2 L 850 mL＝150 mL
(성훈이가 어림한 값과 실제 값의 차)
＝3110 mL－3 L＝110 mL
➡ 110 mL＜150 mL이므로 어림을 더 잘한 사람은 성훈이입니다.

참고 실제 값과 어림한 값의 차가 작을수록 어림을 더 잘한 것입니다.

16 1 L 200 mL＋1 L 200 mL＋1 L 200 mL ＋1 L 200 mL＝4 L 800 mL이므로 더 부은 물의 양은 처음에 있던 물의 양의 4배입니다.
따라서 물의 높이는 2×4＝8(cm) 더 높아지므로 2＋8＝10(cm)가 됩니다.

17 (멜론의 무게)
＝(포도와 멜론의 무게의 합)－(포도의 무게)
＝1 kg 800 g－650 g＝1 kg 150 g
(수박의 무게)
＝(멜론과 수박의 무게의 합)－(멜론의 무게)
＝6 kg 650 g－1 kg 150 g＝5 kg 500 g

18 2 kg 350 g＝2350 g이므로
2350 g＋1200 g＝3550 g입니다.
따라서 3550 g＞3□60 g에서 □ 안에 들어갈 수 있는 수는 0, 1, 2, 3, 4이므로 모두 5개입니다.

19 (더 넣을 수 있는 짐의 무게)
＝10 kg－(가방의 무게)－(의류의 무게)
　－(물놀이 도구의 무게)－(간식의 무게)
＝10 kg－1 kg 700 g－2 kg 90 g
　－2 kg 800 g－1 kg 160 g
＝2 kg 250 g

20 (1분 동안 나오는 차가운 물과 뜨거운 물의 양)
＝2 L 550 mL＋2 L 450 mL＝5 L
12 L 500 mL＝5 L＋5 L＋2 L 500 mL이고,
5 L＝2 L 500 mL＋2 L 500 mL이므로 대야에 물을 가득 채우려면 2분 30초가 걸립니다.

참고 1분 동안 받는 물의 양이 5 L이므로 30초 동안 받는 물의 양은 5 L의 절반인 2 L 500 mL입니다.

정답 및 풀이

01 2 리터 400 밀리리터 02 3000
03 물병 04 ③ 05 mL
06 t 07 8 L 800 mL
08 풀이 참고 09 2 L 300 mL
10 2000 mL
11 진형, 우리 가족은 어제 삼겹살을 2 kg 먹었어.
12 2202 13 페트병, 유리병, 보온병
14 750 g 15 (위에서부터) 9, 390
16 철훈 17 400 mL
18 6 kg 200 g
19 1 L 800 mL 20 풀이 참고

08 ⟨예⟩ 양팔저울을 이용하여 비교합니다. ❶
이때에는 더 아래로 내려간 쪽이 더 무겁습니다. ❷

채점 기준	
❶ 무게를 비교할 수 있는 도구 알기	2점
❷ 무게를 비교하는 방법 설명하기	3점

⟨참고⟩ 눈금이 있는 저울이나 전자저울을 이용하여 무게를 비교할 수도 있습니다.

09 1000 mL＋1000 mL＋300 mL
＝2300 mL＝2 L 300 mL

12 • 2000 g＝2 kg이므로 ㉠＝2입니다.
• 2 kg 200 g＝2200 g이므로 ㉡＝2200입니다.
➡ ㉠＋㉡＝2＋2200＝2202

13 • 유리병에 가득 채운 물을 보온병에 옮겼을 때 물이 넘쳤으므로 유리병의 들이가 보온병의 들이보다 더 많습니다.
• 유리병에 가득 채운 물을 페트병에 옮겼을 때 물이 가득 차지 않았으므로 유리병의 들이가 페트병의 들이보다 더 적습니다.
➡ 페트병＞유리병＞보온병

14 똑같은 장난감 2개의 무게는 1500 g이고,
750 g＋750 g＝1500 g이므로 장난감 1개의 무게는 750 g입니다.

15
```
   ㉠ kg 680 g
 −  4 kg ㉡ g
─────────────
   5 kg 290 g
```
• 680−㉡＝290
➡ ㉡＝680−290＝390
• ㉠−4＝5
➡ ㉠＝5＋4＝9

16 (민정이가 어림한 값과 실제 값의 차)
＝5 kg−4 kg 790 g＝210 g
(철훈이가 어림한 값과 실제 값의 차)
＝5 kg 90 g−5 kg＝90 g
(혜나가 어림한 값과 실제 값의 차)
＝5 kg−4 kg 900 g＝100 g
➡ 90 g＜100 g＜210 g이므로 어림을 가장 잘한 사람은 철훈이입니다.

17 1 L 900 mL＝1900 mL이므로 두 수조에 담겨 있는 물의 양의 차는
2700 mL−1900 mL＝800 mL입니다.
400 mL＋400 mL＝800 mL이므로 나 수조에서 가 수조로 물을 400 mL 부어야 합니다.
⟨참고⟩ 부어야 하는 물의 양은 두 수조에 담겨 있는 물의 양의 차를 구한 다음 반으로 나눕니다.

18 (3일 동안 사용한 밀가루의 양)
＝4 kg 600 g＋4 kg 600 g＋4 kg 600 g
＝13 kg 800 g
➡ (남은 밀가루의 양)＝20 kg−13 kg 800 g
＝6 kg 200 g

19 ㉯ 병에 담은 물의 양을 ☐ mL라 하면 ㉮ 병에 담은 물의 양은 (☐−250) mL이고, ㉰ 병에 담은 물의 양은 (☐＋300) mL입니다.
세 병에 담은 전체 물의 양이
5 L 450 mL＝5450 mL이므로
☐＋(☐−250)＋(☐＋300)＝5450,
☐＋☐＋☐＝5400, ☐＝1800입니다.
따라서 ㉯ 병에 담은 물의 양은
1800 mL＝1 L 800 mL입니다.

20 ⟨예⟩ 들이가 5 L인 물통에 물을 가득 채운 다음 들이가 3 L인 물통에 모두 옮겨 담으면 들이가 5 L인 물통에는 물이 5−3＝2(L) 남습니다. ❶
들이가 3 L인 물통에 들어 있는 물을 모두 버리고 들이가 5 L인 물통에 남아 있는 물 2 L를 들이가 3 L인 물통에 옮겨 담습니다. 이후 들이가 5 L인 물통에 물을 가득 채운 다음 물이 2 L가 들어 있는 들이가 3 L인 물통에 옮겨 담으면 들이가 5 L인 물통에 남아 있는 물이 5−1＝4(L)가 됩니다. ❷

채점 기준	
❶ 들이가 5 L인 물통에 물을 2 L 남기기	2점
❷ 물 4 L를 담는 방법 설명하기	3점

01 (   ) (○)　　　02 리터, 1000

03 3　　　04 kg　　　05 9100 mL

06 ㉢　　　07 1000 mL

08 가위, 지우개, 연필　　　09 ③

10 <　　　11 풀이 참고, ㉯ 컵

12 성진　　　13 2 L 800 mL

14 풀이 참고, 채소 한 관　　　15 2700

16 250 mL　　　17 11 L 600 mL

18 1 L 400 mL　　　19 1 kg 300 g

20 4 kg 100 g

08 양팔저울에서 더 아래로 내려간 물건이 더 무거우므로 지우개가 연필보다 무겁고, 가위가 지우개보다 무겁습니다.

09 그릇의 들이는 200 mL의 약 3배이므로
약 $200 \times 3 = 600$(mL)입니다.

10 8 kg 50 g + 6 kg 400 g = 14 kg 450 g,
14700 g = 14 kg 700 g
➡ 14 kg 450 g < 14 kg 700 g

11 예 어항에 물을 가득 채울 때, 컵의 들이가 많을수록 적게 붓습니다.」❶
따라서 들이가 가장 많은 컵은 부은 횟수가 가장 적은 ㉯ 컵입니다.」❷

채점 기준

❶ 컵의 들이와 부은 횟수 사이의 관계 알기	2점
❷ 들이가 가장 많은 컵 구하기	3점

12 수조에 담겨 있는 물의 양은 절반보다 적습니다.
따라서 10 L의 절반인 5 L와 비교하여 5 L보다 적게 어림한 성진이가 어림을 더 잘했습니다.

13 주전자의 들이는 3 L보다 200 mL 더 적으므로
3 L − 200 mL = 2 L 800 mL입니다.

14 예 고기 6근은 $600 \times 6 = 3600$(g)이므로
3 kg 600 g입니다.」❶
3 kg 600 g < 3 kg 750 g이므로 채소 한 관이 더 무겁습니다.」❷

채점 기준

❶ 고기 6근의 무게가 몇 kg 몇 g인지 구하기	3점
❷ 고기 6근과 채소 한 관 중에서 어느 것이 더 무거운지 구하기	2점

15 9 kg 400 g = 9400 g, 6 kg 700 g = 6700 g
➡ $9400 - \square = 6700$, $\square = 9400 - 6700 = 2700$

16 (정호가 마신 우유의 양) = $250 \times 7 = 1750$(mL)
➡ (남은 우유의 양) = 2 L − 1750 mL
= 2000 mL − 1750 mL
= 250 mL

17 (1분 동안 ㉮ 수도와 ㉯ 수도로 받는 물의 양)
= 3 L 50 mL + 2 L 750 mL = 5 L 800 mL
➡ (2분 동안 ㉮ 수도와 ㉯ 수도로 받는 물의 양)
= 5 L 800 mL + 5 L 800 mL
= 11 L 600 mL

18 2 L 400 mL = 2400 mL이고,
800 mL + 800 mL + 800 mL = 2400 mL이므로 ㉮ 컵의 들이는 800 mL입니다.
600 mL + 600 mL + 600 mL + 600 mL = 2400 mL이므로 ㉯ 컵의 들이는 600 mL입니다.
➡ (㉮ 컵과 ㉯ 컵의 들이의 합)
= 800 mL + 600 mL
= 1400 mL = 1 L 400 mL

19 (고양이 사료 3개의 무게)
= (상자에 담긴 고양이 사료 7개의 무게)
− (상자에 담긴 고양이 사료 4개의 무게)
= 9 kg 700 g − 6 kg 100 g = 3 kg 600 g
1 kg 200 g + 1 kg 200 g + 1 kg 200 g
= 3 kg 600 g이므로 고양이 사료 1개의 무게는
1 kg 200 g입니다.
➡ (빈 상자만의 무게)
= (상자에 담긴 고양이 사료 4개의 무게)
− (고양이 사료 4개의 무게)
= 6 kg 100 g − 1 kg 200 g − 1 kg 200 g
− 1 kg 200 g − 1 kg 200 g
= 1 kg 300 g

20 (비행기 드론 3개와 자동차 드론 5개의 무게)
+ (비행기 드론 4개와 자동차 드론 2개의 무게)
= 17 kg 300 g + 11 kg 400 g = 28 kg 700 g
(비행기 드론 7개와 자동차 드론 7개의 무게)
= 28 kg 700 g이므로
(비행기 드론 1개와 자동차 드론 1개의 무게)
= 4 kg 100 g입니다.

98~103쪽 | 틀린 유형 다시 보기

유형 1 사탕, 초콜릿, 2

1-1 가위, 11개

1-2 예 동전, 클립, 공깃돌   1-3 쌓기나무

유형 2 연아   2-1 서진   2-2 유미

2-3 수박   유형 3 나 컵

3-1 가 컵, 나 컵, 다 컵

3-2 플라스틱바가지   3-3 태원

유형 4 (위에서부터) 5, 400

4-1 (위에서부터) 100, 3

4-2 (위에서부터) 2, 400

4-3 (위에서부터) 600, 6   4-4 5180

4-5 9100   유형 5 100 mL

5-1 450 mL   5-2 250 mL

5-3 1 L 200 mL   유형 6 4 kg

6-1 10 kg   6-2 3 kg 300 g

6-3 4 kg 700 g

6-4 6 kg 200 g, 3 kg 600 g

유형 7 2   7-1 500, 600

7-2 예 ㉮ 물통에 물을 가득 채운 후 ㉯ 물통에
모두 옮겨 담으면 ㉮ 물통에는 물이
4 L 600 mL−2 L 400 mL
=2 L 200 mL가 남습니다. 이 물을 모두
수조에 붓고, ㉮ 물통에 물을 가득 채운 후
다시 수조에 물을 부으면 수조에 물을
2 L 200 mL+4 L 600 mL
=6 L 800 mL 담을 수 있습니다.

유형 8 10 L 400 mL

8-1 8 L 400 mL

8-2 13 L 600 mL   8-3 3분

유형 9 400 g   9-1 1 kg 900 g

9-2 1 kg 200 g   9-3 300 g

9-4 1 kg 500 g

유형 1 사탕은 바둑돌 9개의 무게와 같고, 초콜릿은 바둑돌 7개의 무게와 같으므로 사탕이 초콜릿보다 바둑돌 9−7=2(개)만큼 더 무겁습니다.

1-1 지우개는 바둑돌 7개의 무게와 같고, 가위는 바둑돌 18개의 무게와 같으므로 가위가 지우개보다 바둑돌 18−7=11(개)만큼 더 무겁습니다.

1-2 임의의 단위로 사용하기 위해서는 무게가 일정하고 적당해야 하므로 동전, 클립, 공깃돌 등을 사용할 수 있습니다.

1-3 오이 1개와 동전 15개의 무게가 같고, 오이 1개와 쌓기나무 10개의 무게가 같으므로 동전 15개와 쌓기나무 10개의 무게가 같습니다.
따라서 한 개의 무게가 더 무거운 것은 쌓기나무입니다.

유형 2 (슬기가 어림한 값과 실제 값의 차)
=1 L−800 mL=200 mL
(연아가 어림한 값과 실제 값의 차)
=1 L 150 mL−1 L=150 mL
➡ 150 mL<200 mL이므로 어림을 더 잘한 사람은 연아입니다.

2-1 (인성이가 어림한 값과 실제 값의 차)
=3 kg−2 kg 700 g=300 g
(서진이가 어림한 값과 실제 값의 차)
=2 kg 700 g−2 kg 500 g=200 g
➡ 200 g<300 g이므로 어림을 더 잘한 사람은 서진이입니다.

2-2 (현우가 어림한 값과 실제 값의 차)
=11 L−10 L 100 mL=900 mL
(재홍이가 어림한 값과 실제 값의 차)
=10 L 100 mL−9850 mL=250 mL
(유미가 어림한 값과 실제 값의 차)
=10 L 300 mL−10 L 100 mL=200 mL
➡ 200 mL<250 mL<900 mL이므로 어림을 가장 잘한 사람은 유미입니다.

2-3 (멜론의 어림한 값과 실제 값의 차)
=1 kg 200 g−1050 g=150 g
(수박의 어림한 값과 실제 값의 차)
=6300 g−6 kg 200 g=100 g
➡ 100 g<150 g이므로 실제 무게에 더 가깝게 어림한 것은 수박입니다.

유형 3 같은 냄비에 물을 가득 채우려면 컵의 들이가 적을수록 많이 부어야 합니다. 따라서 들이가 가장 적은 컵은 부은 횟수가 가장 많은 나 컵입니다.

3-1 같은 냄비에 물을 가득 채우려면 컵의 들이가 많을수록 적게 부어야 합니다. 따라서 들이가 많은 컵부터 차례대로 써 보면 부은 횟수가 적은 순서대로 가 컵, 나 컵, 다 컵입니다.

> 참고 컵으로 부은 횟수가 적을수록 컵의 들이가 많으므로 부은 횟수를 비교합니다.

3-2 항아리에 물을 가득 채우려면 바가지의 들이가 많을수록 적게 부어야 합니다. 따라서 들이가 가장 많은 바가지는 부은 횟수가 가장 적은 플라스틱바가지입니다.

3-3 • 어항에 물을 가득 채울 때 가 컵으로는 30번, 나 컵으로는 24번 부어야 하므로 부은 횟수가 더 많은 가 컵이 나 컵보다 들이가 더 적습니다.
• 같은 컵으로 어항과 수조를 가득 채울 때 부은 횟수가 더 많은 어항이 수조보다 들이가 더 많습니다.

유형 4
$$\begin{array}{r} \text{㉠ L } 300 \text{ mL} \\ + 5 \text{ L ㉡ mL} \\ \hline 10 \text{ L } 700 \text{ mL} \end{array}$$
• $300+㉡=700$ ➡ $㉡=700-300=400$
• $㉠+5=10$ ➡ $㉠=10-5=5$

4-1
$$\begin{array}{r} 8 \text{ L ㉠ mL} \\ - \text{㉡ L } 700 \text{ mL} \\ \hline 4 \text{ L } 400 \text{ mL} \end{array}$$
• $1000+㉠-700=400$, $㉠+300=400$
  ➡ $㉠=400-300=100$
• $8-1-㉡=4$, $7-㉡=4$
  ➡ $㉡=7-4=3$

> 주의 mL 단위의 계산에서 $㉠-700=400$이 되려면 $1\text{ L}=1000\text{ mL}$로 받아내림이 있음에 주의합니다.

4-2
$$\begin{array}{r} \text{㉠ kg } 800 \text{ g} \\ + 3 \text{ kg ㉡ g} \\ \hline 6 \text{ kg } 200 \text{ g} \end{array}$$
• $800+㉡=1200$ ➡ $㉡=1200-800=400$
• $㉠+1+3=6$, $㉠+4=6$
  ➡ $㉠=6-4=2$

> 주의 g 단위의 계산에서 $800+㉡=200$이 될 수 없으므로 $1000\text{ g}=1\text{ kg}$으로 받아올림이 있음에 주의합니다.

4-3
$$\begin{array}{r} 8 \text{ kg ㉠ g} \\ - \text{㉡ kg } 450 \text{ g} \\ \hline 2 \text{ kg } 150 \text{ g} \end{array}$$
• $㉠-450=150$ ➡ $㉠=150+450=600$
• $8-㉡=2$ ➡ $㉡=8-2=6$

4-4 $2\text{ L }20\text{ mL}=2020\text{ mL}$,
$7\text{ L }200\text{ mL}=7200\text{ mL}$이므로
$2020+\square=7200$,
$\square=7200-2020=5180$입니다.

4-5 $5\text{ kg }500\text{ g}=5500\text{ g}$, $3\text{ kg }600\text{ g}=3600\text{ g}$
이므로 $\square-5500=3600$,
$\square=3600+5500=9100$입니다.

유형 5 두 수조에 담겨 있는 물의 양의 차는
$2\text{ L}-1800\text{ mL}=200\text{ mL}$입니다.
$100\text{ mL}+100\text{ mL}=200\text{ mL}$이므로 가 수조에서 나 수조로 물을 100 mL 부어야 합니다.

> 다른 풀이 (전체 물의 양)$=2\text{ L}+1800\text{ mL}$
> $=3\text{ L }800\text{ mL}$

$3\text{ L }800\text{ mL}=1\text{ L }900\text{ mL}+1\text{ L }900\text{ mL}$
이므로 각 수조의 물이 $1\text{ L }900\text{ mL}$가 되어야 합니다. 따라서 가 수조에서 나 수조로 물을
$2\text{ L}-1\text{ L }900\text{ mL}=100\text{ mL}$ 부어야 합니다.

5-1 두 수조에 담겨 있는 물의 양의 차는
$4\text{ L }200\text{ mL}-3\text{ L }300\text{ mL}=900\text{ mL}$입니다.
$450\text{ mL}+450\text{ mL}=900\text{ mL}$이므로 나 수조에서 가 수조로 물을 450 mL 부어야 합니다.

> 참고 900 mL의 절반은 $900\div2=450\text{(mL)}$입니다.

5-2 7200 mL＝7 L 200 mL이므로 두 수조에 담겨 있는 물의 양의 차는
7 L 200 mL－6 L 700 mL＝500 mL입니다.
250 mL＋250 mL＝500 mL이므로 가 수조에서 나 수조로 물을 250 mL 부어야 합니다.

5-3 두 수조에 담겨 있는 물의 양의 차는
5600 mL－3200 mL＝2400 mL입니다.
1200 mL＋1200 mL＝2400 mL이므로 나 수조에서 가 수조로 물을
1200 mL＝1 L 200 mL 부어야 합니다.

유형 6 가 상자의 무게를 ☐ kg이라 하면 나 상자의 무게는 (☐－1) kg입니다.
☐＋(☐－1)＝7,
☐＋☐＝8, ☐＝4입니다.
따라서 가 상자의 무게는 4 kg입니다.

6-1 쌀의 무게를 ☐ kg이라 하면 보리의 무게는 (☐－8) kg입니다.
☐＋(☐－8)＝12,
☐＋☐＝20, ☐＝10입니다.
따라서 쌀의 무게는 10 kg입니다.

6-2 인영이가 캔 고구마의 무게를 ☐ g이라 하면 석훈이가 캔 고구마의 무게는 (☐－600) g입니다.
6 kg＝6000 g이므로
☐＋(☐－600)＝6000,
☐＋☐＝6600, ☐＝3300입니다.
따라서 인영이가 캔 고구마의 무게는
3300 g＝3 kg 300 g 입니다.

6-3 (소고기의 무게)
＝(돼지고기와 소고기의 무게의 합)
　　－(돼지고기의 무게)
＝9 kg 300 g－5 kg 900 g＝3 kg 400 g
➡ (닭고기의 무게)
＝(소고기와 닭고기의 무게의 합)
　　－(소고기의 무게)
＝8 kg 100 g－3 kg 400 g
＝4 kg 700 g

6-4 2 kg 600 g＝2600 g이므로 강아지의 몸무게를 ☐ g이라 하면 고양이의 몸무게는
(☐－2600) g입니다.
9 kg 800 g＝9800 g이므로
☐＋(☐－2600)＝9800,
☐＋☐＝12400, ☐＝6200입니다.
따라서 강아지의 몸무게는
6200 g＝6 kg 200 g이고, 고양이의 몸무게는 6 kg 200 g－2 kg 600 g＝3 kg 600 g입니다.

유형 7 2 L－800 mL－800 mL＝400 mL이므로 들이가 2 L인 그릇에 물을 가득 담은 후 들이가 800 mL인 그릇으로 2번 덜어 내면 400 mL가 남습니다.

7-1 ① 들이가 500 mL인 컵에 물을 가득 담은 후 들이가 600 mL인 컵에 옮겨 담으면 들이가 600 mL인 컵에 500 mL의 물이 담깁니다.
② 들이가 500 mL인 컵에 물을 다시 가득 담은 후 들이가 600 mL인 컵이 가득 찰 때까지 옮겨 담으면 600－500＝100(mL)만 부을 수 있으므로 들이가 500 mL인 컵에 500－100＝400(mL)의 물이 남습니다.

유형 8 (㉮와 ㉯ 수도로 1분 동안 받는 물의 양)
＝2 L 900 mL＋2 L 300 mL
＝5 L 200 mL
(㉮와 ㉯ 수도로 2분 동안 받는 물의 양)
＝5 L 200 mL＋5 L 200 mL
＝10 L 400 mL
다른 풀이 (㉮ 수도로 2분 동안 받는 물의 양)
＝2 L 900 mL＋2 L 900 mL
＝5 L 800 mL
(㉯ 수도로 2분 동안 받는 물의 양)
＝2300 mL＋2300 mL
＝4600 mL＝4 L 600 mL
➡ (㉮와 ㉯ 수도로 2분 동안 받는 물의 양)
＝5 L 800 mL＋4 L 600 mL
＝10 L 400 mL

8-1 (㉮와 ㉯ 수도로 1분 동안 받는 물의 양)

= 1 L 800 mL + 2 L 400 mL

= 4 L 200 mL

➡ (㉮와 ㉯ 수도로 2분 동안 받는 물의 양)

= 4 L 200 mL + 4 L 200 mL

= 8 L 400 mL

8-2 (㉮와 ㉯ 수도로 2분 동안 받는 물의 양)

= 1 L 750 mL + 1 L 750 mL

+ 3 L 300 mL

= 6 L 800 mL

➡ (㉮와 ㉯ 수도로 4분 동안 받는 물의 양)

= 6 L 800 mL + 6 L 800 mL

= 13 L 600 mL

8-3 (1분 동안 나오는 차가운 물과 뜨거운 물의 양)

= 2 L 600 mL + 2 L 900 mL

= 5 L 500 mL

5 L 500 mL + 5 L 500 mL + 5 L 500 mL

= 16 L 500 mL이므로 대야에 물을 가득 채우려면 3분이 걸립니다.

유형 9 (쇠구슬 2개의 무게)

= (상자에 담긴 쇠구슬 4개의 무게)

− (상자에 담긴 쇠구슬 2개의 무게)

= 5 kg 600 g − 3 kg = 2 kg 600 g

➡ (빈 상자만의 무게)

= (상자에 담긴 쇠구슬 2개의 무게)

− (쇠구슬 2개의 무게)

= 3 kg − 2 kg 600 g = 400 g

9-1 (유리구슬 6개의 무게)

= (상자에 담긴 유리구슬 9개의 무게)

− (상자에 담긴 유리구슬 3개의 무게)

= 5 kg 500 g − 3 kg 100 g = 2 kg 400 g

1 kg 200 g + 1 kg 200 g = 2 kg 400 g이므로 유리구슬 3개의 무게는 1 kg 200 g입니다.

➡ (빈 상자만의 무게)

= (상자에 담긴 유리구슬 3개의 무게)

− (유리구슬 3개의 무게)

= 3 kg 100 g − 1 kg 200 g

= 1 kg 900 g

9-2 (볼링핀 6개의 무게)

= (상자에 담긴 볼링핀 10개의 무게)

− (상자에 담긴 볼링핀 4개의 무게)

= 16 kg 200 g − 7 kg 200 g = 9 kg

3 kg + 3 kg + 3 kg = 9 kg이므로 볼링핀 2개의 무게는 3 kg이고, 볼링핀 4개의 무게는 6 kg입니다.

➡ (빈 상자만의 무게)

= (상자에 담긴 볼링핀 4개의 무게)

− (볼링핀 4개의 무게)

= 7 kg 200 g − 6 kg

= 1 kg 200 g

9-3 (참외 2개의 무게)

= (상자에 담긴 참외 6개의 무게)

− (상자에 담긴 참외 4개의 무게)

= 4 kg 200 g − 2 kg 900 g = 1 kg 300 g

(참외 6개의 무게)

= 1 kg 300 g + 1 kg 300 g + 1 kg 300 g

= 3 kg 900 g

➡ (빈 상자만의 무게)

= (상자에 담긴 참외 6개의 무게)

− (참외 6개의 무게)

= 4 kg 200 g − 3 kg 900 g

= 300 g

9-4 (파인애플 3개의 무게)

= (상자에 담긴 파인애플 7개의 무게)

− (상자에 담긴 파인애플 4개의 무게)

= 9 kg 900 g − 6 kg 300 g

= 3 kg 600 g

1 kg 200 g + 1 kg 200 g + 1 kg 200 g

= 3 kg 600 g이므로 파인애플 1개의 무게는 1 kg 200 g입니다.

➡ (빈 상자만의 무게)

= (상자에 담긴 파인애플 4개의 무게)

− (파인애플 4개의 무게)

= 6 kg 300 g − 1 kg 200 g

− 1 kg 200 g − 1 kg 200 g

− 1 kg 200 g

= 1 kg 500 g

정답 및 풀이

6단원 자료의 정리

01 4개
02 24개
03 7, 8, 4, 5, 24
04 파랑, 빨강, 초록, 노랑
05 10그릇, 1그릇
06 15그릇
07 짬뽕
08 자장면
09 115장
10 2반
11 629장
12 96장
13 21

14

모둠별 모은 빈 병 수

모둠	빈 병 수
가	🍼🍼🍼🍼🍼
나	🍼🍼🍼🍼🍼🍼🍼
다	🍼🍼🍼
라	🍼🍼🍼🍼🍼🍼

🍼10개 🍼1개

15 풀이 참고

16

마을별 심은 나무 수

마을	나무 수
햇살	🌳🌳🌳🌳🌳🌳🌳🌳🌳
언덕	🌳🌳🌳🌳🌳🌳🌳🌳
바다	🌳🌳🌳🌳🌳🌳🌳

🌳100그루 🌳10그루

17

마을별 심은 나무 수

마을	나무 수
햇살	🌳🌳🌳🌳
언덕	🌳🌳🌳
바다	🌳🌳🌳

🌳100그루 🌳50그루 🌳10그루

18 풀이 참고
19 9명
20 384만 원

03 (합계)＝7＋8＋4＋5＝24(개)

09 100장을 나타내는 그림이 1개, 10장을 나타내는 그림이 1개, 1장을 나타내는 그림이 5개이므로 115장입니다.

10 100장을 나타내는 그림이 가장 많은 2반이 받은 칭찬 붙임 딱지 수가 가장 많습니다.

11 네 반이 받은 칭찬 붙임 딱지 수를 한번에 더합니다. 100장을 나타내는 그림이 5개, 10장을 나타내는 그림이 12개, 1장을 나타내는 그림이 9개이므로 629장입니다.

12 (2반이 받은 칭찬 붙임 딱지 수)
－(1반이 받은 칭찬 붙임 딱지 수)
＝211－115＝96(장)

13 (다 모둠의 빈 병 수)
＝(합계)－(가 모둠의 빈 병 수)
－(나 모둠의 빈 병 수)－(라 모둠의 빈 병 수)
＝94－24－16－33＝21(개)

15 예 그림으로 나타내었으므로 무엇에 대해 조사했는지 알기 쉽습니다.」❶
항목의 수를 한눈에 비교할 수 있습니다.」❷

채점 기준	
❶ 표를 그림그래프로 나타내었을 때 편리한 점 쓰기	2점
❷ 표를 그림그래프로 나타내었을 때 편리한 또 다른 점 쓰기	3점

16 (언덕 마을에 심은 나무 수)
＝(바다 마을에 심은 나무 수)＋80
＝270＋80＝350(그루)

17 10그루를 나타내는 그림 5개를 50그루를 나타내는 그림 1개로 바꾸어 그림그래프를 그립니다.

18 예 단위가 2개인 그림그래프는 그림이 나타내는 단위의 자릿수가 달라서 항목의 수를 더 쉽게 알 수 있습니다.」❶
단위가 3개인 그림그래프는 더 적은 그림의 수로 표현할 수 있으므로 그림을 더 적게 그립니다.」❷

채점 기준	
❶ 단위가 2개인 그림그래프의 장점 설명하기	2점
❷ 단위가 3개인 그림그래프의 장점 설명하기	3점

19 큰 그림 2개와 작은 그림 3개가 나타내는 수가 13명이므로 큰 그림 1개는 5명, 작은 그림 1개는 1명을 나타냅니다. 따라서 튤립을 좋아하는 학생은 큰 그림 1개와 작은 그림 4개이므로 9명입니다.

20 5월부터 8월까지 판매량은 100 kg을 나타내는 그림이 8개, 10 kg을 나타내는 그림이 16개이므로 960 kg입니다.
따라서 판매한 설탕은 960÷5＝192(개)이므로 판매 금액은 모두 2×192＝384(만 원)입니다.

01 그림그래프 02 230권 03 80권

04 680권 05 17명

06 알 수 없습니다. 07 7, 3, 5, 2, 17

08 (위에서부터) 4, 2, 2, 1, 9 / 3, 1, 3, 1, 8

09 7, 5, 8, 20

10

가고 싶은 현장 체험 학습 장소별 학생 수

장소	학생 수
미술관	☺☺☺
박물관	☺
과학관	☺☺☺☺

☺5명 ☺1명

11 풀이 참고 12 농구

13 75, 35, 50, 25, 185 14 풀이 참고, 3배

15 180, 420, 960 /

농장별 감자 생산량

농장	생산량
가	⬤⬤⬤⬤
나	⬤⬤⬤●⬤
다	⬤⬤⬤⬤●●

⬤100 kg ⬤50 kg ●10 kg

16 다 농장, 나 농장, 가 농장

17 예

농장별 감자 생산량

농장	생산량
가	⬤●●●●●
나	⬤●●●●●●●●●
다	⬤●●●●●

⬤100 kg ●10 kg

18

월별 강수량

월	강수량
6월	💧💧💧💧💧💧
7월	💧💧💧💧💧
8월	💧💧💧💧💧💧💧💧
9월	💧💧💧💧💧💧

💧100 mm 💧10 mm

19 8월 20 여름철, 장마, 많습니다

---

04 동화책, 과학책, 소설책의 수를 한번에 더합니다. 100권을 나타내는 그림이 6개, 10권을 나타내는 그림이 8개이므로 680권입니다.

11 예 각 항목의 수를 바로 알 수 있습니다.」❶
합계를 바로 알 수 있습니다.」❷

채점 기준	
❶ 표가 그림그래프보다 더 편리한 점 쓰기	2점
❷ 표가 그림그래프보다 더 편리한 또 다른 점 쓰기	3점

14 예 야구를 좋아하는 학생은 75명이고, 배구를 좋아하는 학생은 25명입니다.」❶
따라서 25×3=75이므로 야구를 좋아하는 학생은 배구를 좋아하는 학생의 3배입니다.」❷

채점 기준	
❶ 야구를 좋아하는 학생 수와 배구를 좋아하는 학생 수 각각 구하기	2점
❷ 야구를 좋아하는 학생은 배구를 좋아하는 학생의 몇 배인지 구하기	3점

15 • 표에서 나 농장의 감자 생산량이 360 kg이므로 그림그래프의 나 농장에 100 kg을 나타내는 그림 3개, 50 kg을 나타내는 그림 1개, 10 kg을 나타내는 그림 1개를 그립니다.
• 그림그래프에서 가 농장의 감자 생산량은 180 kg, 다 농장의 감자 생산량은 420 kg이므로 표에 각각 쓰고, 합계에는 180+360+420=960을 씁니다.

16 100 kg을 나타내는 그림이 많을수록 생산량이 많습니다. 따라서 생산량이 많은 농장부터 차례대로 써 보면 다 농장, 나 농장, 가 농장입니다.

17 50 kg을 나타내는 그림 1개를 10 kg을 나타내는 그림 5개로 바꾸어 그림그래프를 그립니다.

18 8월의 강수량은 280 mm이고 280의 $\frac{4}{7}$는 160이므로 6월의 강수량은 160 mm입니다.

19 100 mm를 나타내는 그림이 2개인 7월과 8월 중에서 10 mm를 나타내는 그림이 더 많은 8월의 강수량이 가장 많습니다.

20 연간 강수량이 1400 mL이고, 6월부터 9월까지의 강수량은 850 mm입니다. 따라서 우리나라는 6월부터 9월까지의 여름철에 장마를 비롯한 강수량이 많아서 다른 달의 강수량에 비해 강수량이 훨씬 더 많습니다.

정답 및 풀이

112~114쪽 **AI가 추천한 단원 평가 3회**

01 (예) 배우고 싶은 악기   **02** ㉣

03 4, 5, 8, 6, 23   **04** 장구

05 11일   **06** 6월   **07** 21일

08 33일   **09** 8, 11, 7, 10, 36

10

색깔별 쌓기나무 수

색깔	쌓기나무 수
파랑	■ ▨ ▨ ▨
빨강	■ ▨ ▨
노랑	▨ ▨ ▨
초록	■ ▨

■5개 ▨1개

11 빨강   **12** 풀이 참고

13 122, 73, 53, 248

14

가고 싶은 나라별 학생 수

나라	학생 수
미국	☺ ◯ ◯ ◯ ◯
일본	☺ ☺ ◯ ◯ ◯ ◯ ◯ ◯ ◯ ◯
영국	☺ ◯ ◯ ◯ ◯ ◯ ◯ ◯ ◯

☺100명 ◯10명 ◯1명

15 100대, 10대   **16** 220대

17 풀이 참고, 160대   **18** 42개

19 (예) 판매량이 늘어날 것입니다.   **20** 3280원

02 ㉣ 항목별로 붙임 딱지를 붙여서 조사했으므로 붙임 딱지 붙이기 방법으로 조사한 것입니다.

03 (합계)=4+5+8+6=23(명)

05 5일을 나타내는 그림이 2개, 1일을 나타내는 그림이 1개이므로 11일입니다.

06 5일을 나타내는 그림이 2개인 5월과 6월 중에서 1일을 나타내는 그림이 더 많은 6월에 비 온 날이 가장 많습니다.

07 4월은 30일까지 있습니다.
4월에 비 온 날이 9일이므로 비가 오지 않은 날은 30-9=21(일)입니다.

08 3개월 동안 비 온 날수를 한번에 더합니다.
5일을 나타내는 그림이 5개, 1일을 나타내는 그림이 8개이므로 25+8=33(일)입니다.

09 (합계)=8+11+7+10=36(개)

11 가장 많은 쌓기나무의 색깔은 5개를 나타내는 그림이 2개인 빨강과 초록 중에서 1개를 나타내는 그림이 있는 빨강입니다.

12 (예) 미국에 가고 싶은 학생은 여학생이 더 많고, 일본에 가고 싶은 학생은 남학생이 더 많습니다.」❶
민우네 학교의 남학생 수와 여학생 수는 같습니다.」❷

채점 기준

❶ 표를 보고 알 수 있는 내용 쓰기	2점
❷ 표를 보고 알 수 있는 또 다른 내용 쓰기	3점

13 나라별 남학생 수와 여학생 수를 더하여 표를 완성합니다.
(합계)=122+73+53=248(명)

15 1월부터 4월까지 이 공장에서 생산한 자동차 840대를 큰 그림 7개, 작은 그림 14개로 나타내었으므로 큰 그림은 100대, 작은 그림은 10대를 나타냅니다.

16 100대를 나타내는 그림의 수가 두 번째로 많은 3월이 자동차 생산량도 두 번째로 많고, 3월에 생산한 자동차는 220대입니다.

17 (예) 생산량이 가장 많은 달은 1월로 310대이고, 생산량이 가장 적은 달은 2월로 150대입니다.」❶
따라서 생산량이 가장 많은 달과 가장 적은 달의 생산량의 차는 310-150=160(대)입니다.」❷

채점 기준

❶ 생산량이 가장 많은 달과 가장 적은 달의 생산량 각각 구하기	2점
❷ 생산량이 가장 많은 달과 가장 적은 달의 생산량의 차 구하기	3점

18 10일에 판매한 구슬이 21개이므로 12일에 판매한 구슬은 21×2=42(개)입니다.

19 10일부터 13일까지 판매량이 21개, 36개, 42개, 62개로 늘어났으므로 앞으로의 판매량도 늘어날 것으로 예상할 수 있습니다.

20 가장 많이 판 날은 13일로 62개이고, 가장 적게 판 날은 10일로 21개입니다.
따라서 판매한 구슬 수의 차가 62-21=41(개)이므로 판매 금액의 차는 80×41=3280(원)입니다.
다른 풀이 가장 많이 판 날은 13일로 판매 금액은 80×62=4960(원)이고, 가장 적게 판 날은 10일로 판매 금액은 80×21=1680(원)입니다.
따라서 판매 금액의 차는 4960-1680=3280(원)입니다.

AI가 추천한 단원 평가 4회

01 〔예〕 민정이네 반 학생 **02** 8, 7, 9, 24

03 24명 **04** 수오

05 100명, 10명, 1명 **06** 252명

07 246명 **08** 강아지 **09** 330

10

맛별 아이스크림 판매량	
맛	판매량
딸기	🍦🍦🍦🍦
바닐라	🍦🍦🍦🍦🍦🍦🍦
초코	🍦🍦🍦🍦🍦

🍦100개 🍦10개

11 ㉠, ㉣ **12** ♥

13 풀이 참고, 〔예〕 2가지

14 〔예〕

반별 안경을 쓴 학생 수	
반	학생 수
1반	👓👓👓👓👓👓👓
2반	👓👓👓👓👓👓
3반	👓👓👓
4반	👓👓👓👓

👓 5명 👓 1명

15 250, 230, 160 /

일주일 동안 팔린 종류별 김밥 수	
종류	김밥 수
참치	🍣🍣🍣🍣🍣🍣🍣
멸치	🍣🍣🍣
김치	🍣🍣🍣🍣🍣🍣
치즈	🍣🍣🍣🍣🍣🍣🍣🍣

🍣100줄 🍣10줄

16 참치김밥 **17** 풀이 참고

18

태어난 계절별 학생 수	
계절	학생 수
봄	🙂🙂🙂🙂🙂🙂
여름	🙂🙂🙂🙂
가을	🙂🙂🙂🙂🙂🙂🙂
겨울	🙂🙂🙂🙂🙂🙂

🙂10명 🙂1명

19 여름, 겨울, 봄, 가을 **20** 2개

---

07 햄스터를 좋아하는 학생 수: 106명
토끼를 좋아하는 학생 수: 140명
➡ 106+140=246(명)

09 (초코 맛 아이스크림 판매량)
=900-320-250=330(개)

11 ㉠ 표도 항목의 수를 알 수 있으므로 수의 크기를 비교할 수 있습니다.
㉣ 그림그래프에서 합계를 알기 위해서는 그림이 나타내는 항목의 수를 모두 더해야 하므로 한눈에 알 수는 없습니다.

13 〔예〕 나타내야 하는 가장 큰 수는 13이고, 가장 작은 수는 6입니다. ❶
따라서 단위를 5명, 1명의 2가지로 나타내면 좋겠습니다. ❷

채점 기준	
❶ 나타내야 하는 가장 큰 수와 가장 작은 수 각각 구하기	2점
❷ 그림의 단위를 몇 가지로 나타내면 좋을지 구하기	3점

15 • 그림그래프에서 멸치김밥은 230줄, 김치김밥은 160줄이므로 참치김밥은
810-230-160-170=250(줄)입니다.
따라서 표에 250, 230, 160을 차례로 씁니다.
• 표에서 참치김밥이 250줄이므로 그림그래프에 큰 그림 2개, 작은 그림 5개를 그리고, 치즈김밥이 170줄이므로 그림그래프에 큰 그림 1개, 작은 그림 7개를 그립니다.

17 〔예〕 다음 주에는 참치를 많이 준비하면 좋습니다. ❶
참치김밥이 가장 많이 팔리므로 그 재료인 참치를 많이 준비합니다. ❷

채점 기준	
❶ 다음 주에 어떤 재료를 어떻게 준비할지 이야기하기	3점
❷ ❶의 이유 쓰기	2점

18 겨울에 태어난 학생 수를 □라 하면 여름에 태어난 학생 수는 (□+6)입니다.
➡ 24+(□+6)+18+□=98,
□+□+48=98, □+□=50,
□=50÷2=25
따라서 겨울에 태어난 학생은 25명, 여름에 태어난 학생은 25+6=31(명)입니다.

20 1명을 나타내는 그림 5개를 5명을 나타내는 그림 1개로 바꾸어야 하므로 가을과 겨울에 태어난 학생 수를 나타낼 때 각각 1개씩 모두 2개가 필요합니다.

틀린 유형 다시 보기

118~123쪽

유형 1 56   **1-1** 6   **1-2** 장구

유형 2 (위에서부터) 4, 2, 1, 2, 9 / 4, 2, 3, 1, 10

2-1 2명   **2-2** ㉡   **유형 3** 660마리

3-1 112대   **3-2** 1113권

유형 4 45, 160 /

학생별 줄넘기 횟수

이름	횟수
민호	∩∩∩∩∧
예준	∩∩∩∩∩∧
혜경	∩∩∩∩∩∩∧

∩ 10회   ∧ 5회

4-1 230, 160, 540 /

농장별 고구마 생산량

농장	생산량
가	(고구마 그림)
나	(고구마 그림)
다	(고구마 그림)

🍠 100 kg   🍠 10 kg

4-2 24, 32, 33 /

학생별 모은 우표 수

이름	우표 수
은미	◎◎○○○○
서준	◎○○○○○○○○○
지안	◎◎◎○○
도윤	◎◎◎○○○

◎ 10장   ○ 1장

유형 5 10개, 1개   **5-1** 340개

유형 6

동별 모은 헌 옷의 무게

동	헌 옷의 무게
1동	(옷 그림)
2동	(옷 그림)
3동	(옷 그림)

👕 10 kg   👕 5 kg   👕 1 kg

6-1 예

종류별 팔린 음료수의 수

종류	음료수의 수
커피	(컵 그림)
주스	(컵 그림)
차	(컵 그림)
탄산음료	(컵 그림)

🥤 100잔   🥤 10잔

예 단위가 3개인 그림그래프는 그림의 수가 적어서 그리기 쉽고, 단위가 2개인 그림그래프는 항목의 수를 알기 쉽습니다.

유형 7 딸기우유

7-1 예 궁, 궁에 가고 싶은 학생이 가장 많으므로 궁으로 정하면 좋을 것 같습니다.

7-2 예 관광객 수가 해가 지날수록 줄어들고 있으므로 앞으로 관광객 수가 줄어들 것 같습니다.

유형 8

종류별 과일 수

종류	과일 수
복숭아	◎◎△○○○
사과	◎◎△○○
배	◎△△△△△○○
감	◎△△△○○○○

◎ 100개   △ 10개   ○ 1개

8-1

마을별 자동차 수

마을	자동차 수
장미	(자동차 그림)
백합	(자동차 그림)
미래	(자동차 그림)
꿈	(자동차 그림)

🚗 100대   🚗 10대

8-2

층별 소화기 수

층	소화기 수
1층	(소화기 그림)
2층	(소화기 그림)
3층	(소화기 그림)
4층	(소화기 그림)

🧯 10개   🧯 1개

유형 9 500만 원   **9-1** 6000원

유형 1 (3반의 학급 문고 수)

　　＝(합계)−(1반의 학급 문고 수)

　　　　−(2반의 학급 문고 수)

　　＝155−51−48＝56(권)

　　다른 풀이 (1반과 2반의 학급 문고 수)

　　　　　　＝51+48＝99(권)

　　➡ (3반의 학급 문고 수)＝155−99＝56(권)

1-1 (구두 수)

　　＝(합계)−(운동화 수)−(슬리퍼 수)−(장화 수)

　　＝22−11−2−3＝6(켤레)

1-2 (장구를 배우고 싶은 학생 수)

　　＝(합계)−(꽹과리를 배우고 싶은 학생 수)

　　　　−(징을 배우고 싶은 학생 수)

　　　　−(북을 배우고 싶은 학생 수)

　　＝460−144−62−108＝146(명)

　　따라서 146＞144＞108＞62이므로 가장 많은 학생들이 배우고 싶은 악기는 장구입니다.

유형 2 남학생 수와 여학생 수를 각각 세어 표에 정리합니다.

2-1 (옷을 선물로 받고 싶은 남학생 수)

　　＝(합계)

　　　　−(게임기를 선물로 받고 싶은 남학생 수)

　　　　−(책을 선물로 받고 싶은 남학생 수)

　　　　−(가방을 선물로 받고 싶은 남학생 수)

　　＝292−110−54−39＝89(명)

　　따라서 옷을 선물로 받고 싶은 남학생은 여학생보다 89−87＝2(명) 더 많습니다.

2-2 ㉠ 200＞175이므로 어린이보다 어른에게 판 음식이 더 많습니다.

　　㉡ 어른보다 어린이에게 더 많이 판 음식은 돈가스입니다.

　　㉢ 음식별 판 그릇 수의 합을 각각 구합니다.

　　불고기는 62+48＝110(그릇),

　　돈가스는 49+55＝104(그릇),

　　갈비탕은 43+30＝73(그릇),

　　만둣국은 46+42＝88(그릇) 팔았습니다.

　　따라서 73＜88＜104＜110이므로 가장 적게 판 음식은 갈비탕입니다.

유형 3 가, 나, 다 세 목장에서 기르는 소의 수를 한번에 더합니다.

　　100마리를 나타내는 그림이 6개, 10마리를 나타내는 그림이 6개이므로 660마리입니다.

　　다른 풀이 가 목장: 230마리, 나 목장: 210마리, 다 목장: 220마리

　　➡ 230+210+220＝660(마리)

3-1 2월부터 5월까지 판매한 자전거의 수를 한번에 더합니다.

　　10대를 나타내는 그림이 10개, 1대를 나타내는 그림이 12개이므로 112대입니다.

3-2 1학년부터 3학년까지의 학생 수를 한번에 더합니다.

　　100명을 나타내는 그림이 3개, 10명을 나타내는 그림이 6개, 1명을 나타내는 그림이 11개이므로 371명입니다.

　　➡ (필요한 공책 수)＝3×371＝1113(권)

유형 4 • 표에서 예준이의 줄넘기 횟수는 55회, 혜경이의 줄넘기 횟수는 60회이므로 그림그래프의 예준이에 10회를 나타내는 그림 5개와 5회를 나타내는 그림 1개, 혜경이에 10회를 나타내는 그림 6개를 그립니다.

　　• 그림그래프에서 민호의 줄넘기 횟수가 45회이므로 표의 민호에 45를 쓰고, 합계에는 45+55+60＝160을 씁니다.

4-1 • 표에서 가 농장의 생산량은 150 kg이므로 그림그래프의 가에 100 kg을 나타내는 그림 1개와 10 kg을 나타내는 그림 5개를 그립니다.

　　• 그림그래프에서 나 농장의 생산량이 230 kg, 다 농장의 생산량이 160 kg이므로 표의 나와 다에 각각 230, 160을 쓰고, 합계에는 150+230+160＝540을 씁니다.

4-2 • 그림그래프에서 은미가 모은 우표가 24장, 지안이가 모은 우표가 32장이므로 표의 은미와 지안이에 24와 32를 각각 쓰고, 도윤이에 108−24−19−32=33을 씁니다.

• 표에서 서준이가 모은 우표가 19장, 도윤이가 모은 우표가 33장이므로 그림그래프의 서준이에 10장을 나타내는 그림 1개와 1장을 나타내는 그림 9개, 도윤이에 10장을 나타내는 그림 3개와 1장을 나타내는 그림 3개를 그립니다.

유형 5 세희네 모둠 학생 3명이 접은 종이학 98개를 큰 그림 9개, 작은 그림 8개로 나타내었으므로 큰 그림은 10개, 작은 그림은 1개를 나타냅니다.

5-1 큰 그림 2개와 작은 그림 8개가 나타내는 수가 280개이므로 큰 그림 1개는 100개, 작은 그림 1개는 10개를 나타냅니다.
따라서 다 지역의 병원 수는 큰 그림 3개와 작은 그림 4개이므로 340개입니다.

유형 6 1 kg을 나타내는 그림 5개를 5 kg을 나타내는 그림 1개로 바꾸어 그림그래프를 그립니다.

6-1 50잔을 나타내는 그림 1개를 10잔을 나타내는 그림 5개로 바꾸어 그림그래프를 그립니다.

유형 7 흰 우유는 430개, 초코우유는 350개, 딸기우유는 510개 팔렸으므로 일주일 동안 딸기우유가 가장 많이 팔렸습니다.
따라서 다음 주에 가장 많이 준비해야 할 우유는 가장 많이 팔린 딸기우유입니다.
참고 팔린 우유의 수를 각각 구하지 않아도 100개를 나타내는 그림이 가장 많은 딸기우유가 가장 많이 팔렸음을 알 수 있습니다.

7-1 동물원에 가고 싶은 학생은 336명, 식물원에 가고 싶은 학생은 162명, 궁에 가고 싶은 학생은 441명, 박물관에 가고 싶은 학생은 417명입니다.
따라서 궁에 가고 싶은 학생이 가장 많으므로 체험 학습 장소를 궁으로 정하면 좋겠습니다.
참고 가장 많은 학생이 가고 싶은 장소를 꼭 체험 학습 장소로 정할 필요는 없으므로 타당한 이유가 있다면 정답으로 인정합니다.

7-2 2020년부터 2023년까지 관람객 수가 6100명, 5500명, 5300명, 4700명으로 줄어들었으므로 앞으로 관광객 수가 줄어들 것으로 예상할 수 있습니다.

유형 8 (사과 수)=(배 수)+50
=162+50=212(개)

8-1 미래 마을의 자동차 수는 400대이고 400의 $\frac{5}{8}$는 250이므로 꿈 마을의 자동차 수는 250대입니다.
참고 400의 $\frac{1}{8}$이 400÷8=50이므로
400의 $\frac{5}{8}$는 50×5=250입니다.

8-2 2층에 있는 소화기 수를 □라 하면 3층에 있는 소화기 수는 (□+2)입니다.
➡ 36+□+(□+2)+42=156,
□+□+80=156,
□+□=76, □=76÷2=38
따라서 2층에 있는 소화기는 38개, 3층에 있는 소화기는 38+2=40(개)입니다.

유형 9 1월부터 3월까지 소금 판매량은 100 kg을 나타내는 그림이 9개, 10 kg을 나타내는 그림이 10개이므로 1000 kg입니다.
따라서 10 kg씩 포장하면 포장한 소금은 100개이므로 소금 판매 금액은 모두
5×100=500(만 원)입니다.
참고 1000은 10이 100개인 수이므로 10 kg씩 포장하면 100개가 됩니다.

9-1 12일부터 15일까지 판매한 사탕은 10개를 나타내는 그림이 10개, 1개를 나타내는 그림이 20개이므로 120개입니다.
12일에 판매한 사탕은 24개이고 24×5=120이므로 12일부터 15일까지 판매한 사탕 금액은 12일에 판매한 사탕 금액의 5배입니다.
➡ 1200×5=6000(원)

MEMO

MEMO